PREUSSENS DIPLOMATIE IN DER TÜRKEI

1721—1774

VON

HELMUTH SCHEEL

WALTER DE GRUYTER & CO.

VORMALS G. J. GÖSCHEN'SCHE VERLAGSHANDLUNG — J. GUTTENTAG, VERLAGSBUCHHANDLUNG — GEORG REIMER — KARL J. TRÜBNER — VEIT & COMP.

BERLIN UND LEIPZIG 1931

Sonderabdruck aus den
Mitteilungen des Seminars für Orientalische Sprachen
Jahrgang XXXIII. 1930. Zweite Abtlg.

Die Schreiben der türkischen Sultane an die preußischen Könige

in der Zeit von 1721 bis 1774 und die ersten preußischen Kapitulationen vom Jahre 1761.

Zum ersten Male auf Grund der im Preußischen Geheimen Staatsarchiv zu Berlin-Dahlem aufbewahrten Originalurkunden bearbeitet

von

Helmuth Scheel.

Inhalt.

Einleitung.

Die Schreiben der türkischen Sultane an die preußischen Könige aus der Zeit von 1721 bis 1774, sowie die zwischen Preußen und der Türkei im Jahre 1761 abgeschlossene Kapitulation sind in der vorliegenden Abhandlung zum ersten Male auf Grund der im Preußischen Geheimen Staatsarchiv in Berlin-Dahlem aufbewahrten Originalurkunden bearbeitet worden. Der türkische Historiker Ahmed Refiq hat während des Krieges in seiner Arbeit »Osmanlylar we büyük Frederik« (Die Osmanen und Friedrich der Große)[1] einige dieser Schreiben nebst dem Text der Kapitulation nach dem

[1] Vgl. Literaturverzeichnis.

in Stambul befindlichen Dīwān-i humajūn nāme defteri (Briefbuch des Kaiserlichen Diwans) veröffentlicht. Die Vergleichung mit den Originalurkunden hat es ermöglicht, die von ihm gegebenen Texte an zahlreichen Stellen zu berichtigen. Ich habe davon abgesehen, die Varianten näher anzugeben, von denen viele offensichtliche Druckfehler sind. Im Geh. St. Arch. fehlt ein Schreiben des Sultans Osman III. an König Friedrich II. aus dem Jahre 1755, dessen Text Ahmed Refiq veröffentlicht hat, das hier infolgedessen nur erwähnt werden konnte[1]; inhaltlich ist es von keiner großen Bedeutung.

Die einleitenden Abschnitte sollen eine kurze zusammenfassende Übersicht über den geschichtlichen Zeitraum geben, in den die Abfassung der großherrlichen Schreiben fällt, und im übrigen die Kapitulation und die Urkunden nach Form und Inhalt behandeln.

Der Zweck der vorliegenden Arbeit war, der Geschichtsschreibung bisher unveröffentlichte Urkunden zugänglich zu machen und außerdem der seit einiger Zeit einsetzenden Forschung über die osmanische Diplomatik neues Material zu liefern, zumal Urkunden aus dem 18. Jahrhundert bisher wenig Bearbeiter gefunden haben.

Das Zustandekommen der Arbeit, die eine im Dezember 1928 vorgelegte Greifswalder Dissertation ist, habe ich in erster Linie dem Preußischen Geheimen Staatsarchiv in Berlin-Dahlem und dem Haus-, Hof- und Staatsarchiv in Wien, insbesondere den leitenden Beamten, weiland Herrn Archivdirektor Dr. Klinkenborg, weiland Herrn Staatsarchivrat Dr. von Petersdorff, sowie Herrn Generalstaatsarchivar Dr. Bittner in Wien zu danken, die mir in großzügigster Weise alles Akten- und Urkundenmaterial zugänglich gemacht und mir stets auf alle Fragen bereitwilligst Auskunft und Rat erteilt haben.

Ferner habe ich an dieser Stelle meinen Dank auszusprechen meinem Lehrer in den letzten Semestern meines orientalistischen Studiums, Herrn Professor Dr. Bräunlich, sowie den Herren Professor Freiherrn von Kraelitz-Greifenhorst, Generalkonsul Dr. J. H. Mordtmann und Geheimrat Prof. Dr. Moritz, die mich in jeder Hinsicht unterstützt und mir stets mit Rat und Tat zur Seite gestanden haben.

Die ausgezeichnete Wiedergabe der Urkunden habe ich dem Entgegenkommen der Preußischen Staatsbibliothek, vor allem Herrn Direktor Professor Dr. Weil zu danken.

Literatur-Verzeichnis.

Ahmed Rāsim, Osmanly Tārīchi, 2. Aufl., Stambul 1328/30.

Ahmed Refīq, Osmanlylar we büyük Frederik, in: Tārīch-i-osmāni endjümeni külliati, Stambul 1333.

Resmi el Hadj Ahmed Efendi, Wesentliche Betrachtungen, oder Geschichte des Krieges zwischen den Osmanen und Russen in den Jahren 1768 bis 1774; aus dem Türkischen übersetzt von Heinrich Friedrich von Diez, Halle und Berlin 1813.

---

[1] S. 11 mit Anm. 4.

Arneth, Alfred, Ritter von, Die Relationen der Botschafter Venedigs über Österreich im 18. Jahrhundert, in: Fontes Rerum Austriacarum; 2. Abteilung, Diplomata, XXII. Bd., Wien 1863.

Becker, C. H., Islampolitik, in: Die Welt des Islam, Bd. III, Heft 2, S. 101 ff., Berlin 1915.

Ders. Islamstudien, Bd. I, Leipzig 1924.

Beer, Adolf, Aufzeichnungen des Grafen William Bentinck über Maria Theresia, Wien 1871.

Ders. Denkschriften des Fürsten Wenzel Kaunitz-Rittberg, in: Archiv für österreichische Geschichte, herausgegeben von der zur Pflege vaterländischer Geschichte aufgestellten Commission der kaiserl. Akademie der Wissenschaften, 48. Bd., Wien 1877, S. 1 ff.

Böttger, Leonhard, Die Entwicklung des Fremdenrechts in der Türkei bis in die Gegenwart, Dissertation, Gießen 1925.

Bratter, C. A., Die preußisch-türkische Bündnispolitik Friedrichs des Großen, in: Deutsche Orientbücherei, herausgegeben von Ernst Jäckh, Bd. VII, Weimar 1915.

Dopsch, Alfons, Zur Orientpolitik Friedrichs des Großen vor Beginn und beim Ausbruch des siebenjährigen Krieges, in: Bericht über das I. Vereinsjahr (1889 und 1890) des Akademischen Vereins deutscher Historiker in Wien, Wien 1890.

Fekete, Ludwig, Einführung in die osmanisch-türkische Diplomatik der türkischen Botmäßigkeit in Ungarn. (Veröffentlichungen des königl. ungarischen Staatsarchivs), Budapest 1926.

Goldziher, Ignaz, Die Religion des Islams, in: Die Religionen des Orients und die altgermanischen Religionen, 2. Aufl., Leipzig und Berlin 1913.

Ders. Vorlesungen über den Islam, 2. Aufl. (herausgegeben von F. Babinger), Heidelberg 1925.

Hadīqat ul-wuzarā (Garten der Wesire), Stambul 1271.

Hammer, Joseph von, Geschichte des Osmanischen Reiches, 1. Aufl., 10 Bde., Pesth 1827—35, 2. Aufl., 4 Bde., Pesth 1840.

Heffening, Willi, Das islamische Fremdenrecht, in: Beiträge zum Rechts- und Wirtschaftsleben des islamischen Orients, Bd. I, Hannover 1925.

Hertzberg, Graf von, Recueil des Déductions, Manifestes, Déclarations, traités et autres actes et écrits publics qui ont été rédigés et publiés pour la cour de Prusse. 2 Bde. (1756—1778 und 1778—1789), Berlin 1789/90.

Juynboll, Th. W., Handbuch des islamischen Gesetzes, Leiden und Leipzig 1910.

Kienast, Andreas, König Friedrich II. von Preußen und die Ungarn bis zum Hubertusburger Frieden 1762, in Mitteilungen des K. und K. Kriegsarchivs, N. F., IX. Bd., Wien 1895, S. 195 ff. (nicht S. 109, wie verschiedentlich von anderen zitiert).

Kraelitz-Greifenhorst, Friedrich, Bericht über den Zug des Großbotschafters Ibrahim Pascha nach Wien im Jahre 1719, in: Sitzungsberichte der Kaiserl. Akademie der Wissenschaften in Wien, Phil.-Hist. Klasse, 158. Bd., 3. Abhandlung, Wien 1908.

Ders., Osmanische Urkunden in türkischer Sprache aus der zweiten Hälfte des 15. Jahrhunderts. Ein Beitrag zur osmanischen Diplomatik, in: Sitzungsberichte usw. (wie vor.), 197. Bd., 3. Abhandlung, Wien 1922.

Kunke, Max, Die Kapitulationen der Türkei, deren Aufhebung und die neuen deutsch-türkischen Rechtsverträge, Dissertation, Erlangen 1918.

Lehmann, Walter, Die Kapitulationen, in: Deutsche Orientbücherei, herausgegeben von Ernst Jäckh, Bd. 22, Weimar 1917.

Mahler, Eduard, Wüstenfeld-Mahler'sche Vergleichungstabellen der mohammedanischen und christlichen Zeitrechnung, 2. Aufl., Leipzig 1926.

Martens, Recueil des Traités, 2. Aufl., Bd. I (1761—1770), Göttingen 1817.

Martens, F., Das Consularwesen und die Consularjurisdiction im Orient. Übersetzt von H. Skerst, Berlin 1874.

Mirza Djevad Khan Kasi, Das Kalifat nach islamischem Staatsrecht. Eine historisch-diplomatische Studie, in: Die Welt des Islams, Bd. V, Heft 4, S. 189ff., Berlin 1918.

Müller-Kolshorn, Otto, Azmi Efendis Gesandtschaftsreise an den preußischen Hof. Ein Beitrag zur Geschichte der diplomatischen Beziehungen Preußens zur Hohen Pforte unter Friedrich Wilhelm II., Berlin 1918.

Mundt, Theodor, Krim Girai, ein Bundesgenosse Friedrichs des Großen, Berlin 1855.

Mustafa Hamid, Das Fremdenrecht in der Türkei, in: Die Welt des Islams, Bd. VII, Heft 1—2, Berlin 1919.

Nicolai, Fr. (Joseph Hammer), Des Türkischen Gesandten Resmi Ahmet Efendi Gesandtschaftliche Berichte von seinen Gesandtschaften in Wien im Jahre 1757 und in Berlin im Jahre 1763. Aus dem Türkischen Originale übersetzt, Berlin und Stettin 1809.

Nöldeke-Schwally, Geschichte des Qorāns, 2. Aufl., Leipzig 1909ff.

Noradounghian, Gabriel Effendi, Recueil d'actes internationaux de l'Empire Ottoman, Tome premier 1300—1789, Paris, Leipzig et Neuchâtel 1897.

Nottebohm, W., Die preußisch-türkische Defensivallianz (1763—1765). Ein Beitrag zu Friedrichs des Großen orientalischer Politik, in: Festschrift zu der zweiten Säcularfeier des Friedrich Werderschen Gymnasiums zu Berlin, Berlin 1881, S. 123ff.

Porsch, Rudolf, Die Beziehungen Friedrichs des Großen zur Türkei bis zum Beginn u. während des siebenjährigen Krieges. Dissertation, Marburg i. H. 1897.

Tārīch-i Rāschid, 3 Bde., Konstantinopel 1153 d. H.

Rohrscheidt, Preußens Staatsverträge, Berlin 1852.

Sax, Carl, Ritter von, Geschichte des Machtverfalls der Türkei bis Ende des 19. Jahrhunderts und die Phasen der »orientalischen Frage« bis auf auf die Gegenwart, Berlin 1913.

Spandouyn Cantacasin, Theodore, Petit Traicté de L'origine des Turcqz, publié et annoté par Charles Schefer, Paris 1896.

Tārīch-i Sāmī we Schākir we Ṣubḥī, Stambul 1198 d. H.

Tschudi, Rudolf, Das Chalifat, in: Philosophie und Geschichte, Eine Sammlung von Vorträgen und Schriften aus dem Gebiet der Philosophie und und Geschichte. Heft 10, Tübingen 1926.

Tārīch-i-Wāṣif, Konstantinopel 1219 d. H.
Volz, Gustav Berthold, Eine türkische Gesandtschaft am Hofe Friedrichs des Großen im Winter 1763—64, in: Hohenzollern-Jahrbuch, 11. Jahrgang, Berlin und Leipzig 1907.
Wolf, Adam, Österreich unter Maria Theresia, Joseph II. und Leopold II. 1740—1792, in: Allgem. Geschichte in Einzeldarstellungen, herausgegeben von Wilh. Oncken, 3. Hauptabteilung, 9. Teil, Berlin 1884.
Zinkeisen, Johann Wilhelm, Geschichte des osmanischen Reiches in Europa, Bd. V und VI, Gotha 1857 und 1859.
Ders., verschiedene Aufsätze zur Orientalischen Frage in den Historischen Taschenbüchern, herausgegeben von Fr. von Raumer, 3. F., sechster und neunter Jahrgang, Leipzig 1855 (S. 461) und 1858 (S. 357).

Außerdem sind benutzt worden:
Die Akten des Preußischen Geheimen Staatsarchivs, über die die Fußnoten orientieren.
Ferner:
Die Handelsverträge des Deutschen Reiches, herausgegeben vom Reichsamt des Innern, Berlin 1906 (S. 1171 ff.).
Mu'āhedāt-i 'umūmīje medjmū'asy, Bd. I, Stambul o. J. (S. 83 ff., türkischer Text der Kapitulation von 1761).

I. Geschichtliches.

Über den Zeitpunkt des Beginns der diplomatischen Beziehungen zwischen Preußen und der Türkei herrscht nach dem bisherigen Stande der geschichtlichen Forschung Ungewißheit. In den verschiedenen Arbeiten und Abhandlungen zu dieser Frage [1] ist stets darauf hingewiesen worden, daß für eine Aufnahme solcher Beziehungen, soweit sie vor dem Regierungsantritt Friedrichs II. angenommen werden, ein einwandfreier Nachweis durch Urkunden oder Akten sich nicht erbringen läßt, wenigstens nicht, sofern es sich um offizielle Verhandlungen mit dem Ziel auf Abschluß eines Vertrages handelt. Nach Hammer [2] und Zinkeisen [3] soll Preußen bereits unmittelbar nach dem Frieden zu Passarowitz (21. Juli 1718) Verbindungen mit der Pforte angeknüpft haben. Keiner der beiden gibt aber für diese Behauptung einen Beweis. Sicher ist nur, daß Friedrich Wilhelm I. im Jahre 1721 seinen Stallmeister Johannes Jurgowsky nach Konstantinopel geschickt hat, um dort Pferde zu kaufen [4]. Es ist mehrfach die Vermutung geäußert worden [5], daß diese Sendung als eine halbamtliche angesehen werden könne; Jurgowsky hätte wahrscheinlich den Auftrag gehabt, wegen Abschluß eines Bündnisses oder Vertrages zu verhandeln, und der Pferdekauf wäre nur

[1] Porsch; Nottebohm; Kienast; Dopsch.
[2] von Hammer, a. a. O., 1. Aufl. Bd. VII, S. 246; 2. Aufl. Bd. IV, S. 172.
[3] Zinkeisen, a. a. O., Bd. V, S. 885.
[4] Geh. St. Arch., Rep. XI 274 Türkei, fasc. 3 u. 3a.
[5] Z. B. Zinkeisen, a. a. O., Bd. V, S. 885.

ein Vorwand dazu gewesen. Ein Beweis für diese Vermutung läßt sich, wie gesagt, nicht erbringen. Dafür spricht, daß der preußische König die Entsendung seines Stallmeisters mit einem offiziellen Schreiben bei dem Sultan und dem Großwezir notifiziert hat. Dieses Schreiben bezeichnet als Hauptgrund der Sendung lediglich den Pferdekauf. Der König spricht jedoch auch den Wunsch aus, zu der Pforte in freundschaftliche Beziehungen treten zu wollen [1]. Gerade auf diesen Punkt geht das Antwortschreiben des Sultans Ahmed III. ein. Es heißt darin, daß der preußische König den Wunsch geäußert habe, »in den Kreis Unserer Freunde einzutreten« [2]. Der Ausdruck »Freunde« ist aber in der osmanischen Diplomatensprache ziemlich regelmäßig bei solchen Herrschern angewendet worden, die entweder schon eine Kapitulation besaßen oder sich um eine solche bemühten. Wenn das Schreiben des Sultans also auch nichts Positives über die Möglichkeit einer Kapitulation für Preußen enthält, so scheint diese sprachliche Wendung, wie überhaupt die Tatsache, daß gelegentlich eines im Grunde genommen wenig wichtigen Geschäftes, bei dem der König vom Sultan nicht einmal aufs Beste behandelt worden ist, offizielle Schreiben durch Vermittlung des englischen Botschafters [3] gewechselt worden sind, eher dafür zu sprechen, daß die Aufträge Jurgowskys weitergehende gewesen sind, als der Inhalt der Schreiben vorgibt, und daß die Gelegenheit, mit Preußen politische Bindungen einzugehen, der Pforte damals nicht günstig erschien. Bei alledem muß man noch die wirtschaftliche Lage Preußens zu jener Zeit und sein Interesse an einem Vertrage mit der Türkei in Betracht ziehen. Bereits unter Friedrich I. war die Frage eines Immediathandels nach der Türkei erörtert worden. Der preußische Gesandte in Wien, Bartholdi, hat hierfür eingehende Vorschläge gemacht. Er berichtet darüber unter dem 23. April 1701 [4]. Der Plan war ursprünglich von England ausgegangen. Die englische Regierung befürchtete, daß es im Falle eines Krieges mit Frankreich unmöglich werden würde, Waren auf dem Seewege nach Konstantinopel oder anderen Orten der Levante zu bringen. Der englische Gesandte in Konstantinopel, Sutton, hatte aus diesem Grunde einen Warentransport auf dem Flußwege Donau-Oder-Spree-Elbe angeregt [5]. Die französischen Kaper zwischen Hamburg und England hielt er für ziemlich ungefährlich. Friedrich I. stimmte diesem Plan sofort zu, und es wurden längere Verhandlungen darüber geführt, in denen sogar zur Vermeidung des $2^1/_2$ Meilen langen Landweges zwischen Oder und Tobitsche (einem Nebenfluß der Morawa) der Bau eines Kanals erwogen wurde [6]. Diese Verhandlungen hatten zwar kein Ergebnis, waren aber nie-

---

[1] Das Konzept dieses Schreibens befindet sich in den unter Fußn. 4 (S. 5) bezeichneten Akten.

[2] Geh. St. Arch., Rep. XI 275 Türkei, fasc. 1 (vgl. Übers. S. 28).

[3] Vgl. das Schreiben des engl. Botschafters Stanyan (Geh. St. Arch., Rep. XI 274 Türkei, fas. 3 u. 3a). Nach diesem waren die vom Sultan dem König angebotenen Pferde so schlecht, daß Stanyan die Annahme ablehnen mußte. Darauf erst wurden bessere Tiere ausgewählt.

[4] Geh. St. Arch., Rep. XI 274 Türkei, fasc. 5, Bl. 1 u. 2.

[5] Ebenda, Bl. 13. [6] Ebenda.

mals endgültig abgebrochen worden, Preußen hat jedenfalls auch im Jahre 1721 noch ein Interesse an dem Abschluß eines Handelsvertrages mit der Türkei gehabt.

Die Entsendung Jurgowskys nach Konstantinopel wird durch all diese Umstände in ein besonderes Licht gerückt, und es kann daher als sicher angesehen werden, daß seine Aufträge weitergehende gewesen sind als die eines bloßen Pferdekaufs. Der König wird versucht haben, mit den Türken in unmittelbare diplomatische Beziehungen zu treten, um gegebenenfalls über eine Kapitulation verhandeln zu können. Darauf deutet auch hin, daß er die Vermittlung des englischen Botschafters in Konstantinopel in Anspruch genommen hat.

Schweden hatte zu jener Zeit ebenfalls ein lebhaftes Interesse an dem Immediathandel mit der Türkei über preußisches Gebiet, da es u. a. Kriegsmaterial für das türkische Heer lieferte. Die schwedische Regierung regte infolgedessen sehr bald die Wiederaufnahme der zum Stillstand gekommenen Verhandlungen über die Frage eines solchen Immediathandels an[1]. Sehr wahrscheinlich steht damit die Entsendung eines preußischen Kommissärs[2] nach der Krim (1739) in Zusammenhang, der den Auftrag gehabt haben soll, wegen eines Handelsabkommens zu verhandeln. Über die Mission dieses Unterhändlers berichtet, soweit bekannt, nur der türkische Reichshistoriograph Ṣubhī[3]. Der Bericht hat folgenden Inhalt:

> Es traf ein Kurier des Königs von Preußen mit einem Dolmetscher und zwei Leuten aus Polen her in Chotin ein. Der Pascha über Chotin, Elias, schickte ihn an den Serʿasker von Bender weiter. Dieser befragte ihn über den Zweck seiner Reise und den Inhalt des Schreibens, das er bei sich hatte. Der Kurier antwortete, das Schreiben sei an den regierenden Chan der Krim[4] gerichtet. Der König äußere darin den Wunsch, mit der Hohen Pforte in freundschaftliche Beziehungen zu treten und bitte um die Erlaubnis, mit eigenem Geld Pferde und Mannschaften[5] kaufen zu dürfen.
>
> Seit langem hätten zwar die preußischen Könige dem österreichischen Kaiser Hilfe geleistet, im vergangenen Jahr sei dies jedoch nicht mehr geschehen. Er hege daher die Absicht, mit dem

---

[1] Geh. St. Arch., Rep. XI 274 Türkei, fasc. 5, Bl. 16.

[2] Der Name dieses Kommissärs soll Sattler gewesen sein. Die Angabe stammt scheinbar zuerst von Hammer (a. a. O., Bd. VIII, S. 526). Von da ist sie in die übrige Literatur übernommen worden. Im Pr. Geh. St. Arch. findet sich kein Nachweis für den Namen. Subhi nennt ihn auch nicht. Leider ist es mir nicht möglich gewesen, die Akten des Haus-, Hof- und Staatsarchivs in Wien einzusehen, die vielleicht einen Anhalt bieten würden.

[3] Tārīch-i Sāmī we Schākir we Ṣubḥī, Konstantinopel 1198, Bd. 2, p. 149 verso f.

[4] Damals Mengli Girai, über ihn: von Hammer, Geschichte der Chane der Krim, Wien 1850, S. 193 f. und 206.

[5] اسير bedeutet eigentlich Gefangene, Sklaven. Zinkeisens Annahme, daß es sich um die Anwerbung von Leuten für die Potsdamer Garde gehandelt habe, dürfte zutreffend sein.

Osmanischen Reiche, gleich den anderen diesem befreundeten Mächten, einen Freundschaftsvertrag abzuschließen, um damit die Grundlage für einen gegenseitigen Handelsverkehr zu legen.

Der Serʿasker antwortete in vorsichtiger Form, daß er zunächst den Sachverhalt an die Hohe Pforte berichten müsse, und sandte alsdann das Schreiben durch Vermittlung des Serʿasker der Dobrudscha, Islam Girai, an seinen Bestimmungsort weiter. Er sorgte im übrigen in genügendem Maße für Unterhalt und Verpflegung des Kuriers und seiner Leute, kommandierte Janitscharen zu ihrem Schutz und schrieb über die Angelegenheit an den Großwesir mit dem Ersuchen um Weisung, wie er verfahren solle. Der Großwesir antwortete ihm, daß man sich derartigen Wünschen des Königs nicht verschließen würde, daß man aber zunächst abwarten wolle, bis der Chan der Krim über den Inhalt des ihm zugegangenen Schreibens an die Hohe Pforte berichtet haben würde. Bis dahin solle man den Kurier und seine Begleiter entgegenkommend behandeln.

Demnach ist also noch unter der Regierung Friedrich Wilhelms I. versucht worden, mit der Türkei einen Handelsvertrag abzuschließen.

Übrigens ist schon damals in Preußen die Gründung einer Handelsgesellschaft erwogen worden, die sich vorwiegend mit dem Handel nach der Levante befassen sollte. Diese Gründung erfolgte jedoch erst 1765, also nach Abschluß des Vertrages von 1761[1].

Die Frage einer vertraglichen Verbindung mit der Pforte, soweit es sich um militärische Interessen handelt, wurde zum ersten Male kurz nach dem Regierungsantritt Friedrichs II. in ernsthafte Erwägung gezogen. Der Urheber dieses Gedankens war der Minister Podewils[2]. Er wollte jedoch nicht unmittelbar in Konstantinopel verhandeln, sondern die Vermittlung des Hofes zu Versailles in Anspruch nehmen. Der König scheint sich damals diese Ideen noch nicht zu eigen gemacht zu haben, denn während der beiden ersten Schlesischen Kriege hat er sich nicht eingehend mit der Frage beschäftigt, sondern ein Eingreifen der Türken zugunsten Preußens nur ganz gelegentlich und stets auf dem Wege über Versailles in Betracht gezogen. Frankreich stand zu jener Zeit bereits mit der Pforte in guten Beziehungen und besaß seit 1740 eine neue, sehr umfangreiche Kapitulation. Zudem lief das preußisch-französische Bündnis noch bis 1756.

Wie wenig Wert der König im Grunde genommen damals auf eine engere Verbindung mit der Türkei gelegt haben muß geht daraus hervor, daß er eine Beanstandung der Pforte, die Heirat des schwedischen Kronprinzen mit Friedrichs Schwester Ulrike sei ihr nicht notifiziert worden, in einem Brief an den preußischen Gesandten in Stockholm, Graf Finkenstein, mit folgenden Worten beantwortete:

»... ni mes ancêtres, ni moi nous n'avons jamais notifié à la Porte les naissances, mariages et les morts arrivés en notre maison

[1] Geh. St. Arch., Rep. XI 274 Türkei, fasc. 5 Bl. 62 ff.

[2] Pol. Corr., Bd. I S. 78.

... pas même les changements de régence, je ne crois pas qu'il fût de la prudence de faire une pareille démarche«[1].

Verschiedentlich tauchten damals Gerüchte von angeblichen Kommissären und Unterhändlern Preußens in Konstantinopel auf, die in politischer Hinsicht, insbesondere auf die Haltung Rußlands gegenüber Preußen, einen ziemlich ungünstigen Einfluß ausgeübt haben, obwohl Friedrich mehrfach den Versuch gemacht hat, die Bedenken hierüber zu zerstreuen[2]. Die Versicherungen des Königs wurden nicht geglaubt, auch nicht in Österreich[3]. Als gar im März 1745 der Großwezir den kriegführenden Mächten die Friedensvermittlung der Pforte anbot, behauptete die Preußen feindliche Presse in Petersburg, Preußen habe den Anlaß hierzu gegeben[4].

Durch die ablehnende Haltung Rußlands und den Sonderfrieden Bayerns hatte sich die militärische und politische Lage Preußens außerordentlich verschlechtert. Infolgedessen beschäftigte sich der König nun eingehender mit dem Gedanken eines türkischen Ablenkungsangriffes in Ungarn. Er wollte jedoch in dieser Angelegenheit immer noch nicht selbständig vorgehen, und wies lediglich Frankreich auf die Möglichkeit einer solchen Unterstützung seitens der Pforte hin. Der französische Gesandte am Goldenen Horn sollte die preußischen Interessen in dieser Frage wahrnehmen[5]. Im Sommer 1745 traf ein an den Minister Podewils gerichteter Brief des Renegaten Bonneval[6], der am türkischen Hofe großen Einfluß besaß, in Berlin ein. Eine Beantwortung unterblieb jedoch, obwohl nach dem Inhalt dieses Briefes die Stimmung der Pforte für ein Bündnis mit Preußen günstig war[7].

1748 kam es zu einem allgemeinen europäischen Frieden, und der König hatte nun zunächst gar kein Interesse mehr, sich der Pforte zu nähern. Seine Schwester vermochte seine Gesinnung nicht zu ändern, als sie in Schweden eine Verfassungsänderung mit Hilfe von Frankreich und der Türkei durchzuführen hoffte[8]. Auch lehnte Friedrich eigentümlicherweise ein Angebot der Pforte auf Abschluß eines Handelsvertrages ab[9].

Im Jahre 1749 bestand ernste Gefahr für einen neuen Krieg, und dadurch wurde der König veranlaßt, nun doch seinerseits die Initiative zu

---

[1] Geh. St. Arch., Rep. XI 275 Türkei, fasc. 1 Bl. 1.

[2] Nottebohm, a. a. O. S. 125f.; Porsch, a. a. O. S. 7. — Vgl. auch den Brief Friedrichs an den Minister Podewils vom 22. 4. 1745 (Pol. Corr. IV S. 128).

[3] Kienast, a. a. O. S. 303 f.

[4] Vgl. den Bericht des preuß. Gesandten Mardefeld in Petersburg an den König, Pol. Corr. IV, S. 128.

[5] Briefe Friedr. an den franz. König, Pol. Corr. IV, S. 142 f. u. 166 f.

[6] Über Bonneval und seine Tätigkeit bei der Pforte vgl. Memoirs of the Bashaw Count Bonneval, from his birth to his death; London 1750. Wahrscheinlich sind diese Memoiren aber apokryph. Vgl. von Hammer, 1. Aufl., Bd. VIII, S. 455; Zinkeisen, Bd. V, S. 659. Vgl. auch von Hammer, 1. Aufl. Bd. VIII, S. 85ff.

[7] Porsch, a. a. O. S. 11 und die Weisung an Podewils v. 12. 7. 1745 (Pol. Corr. IV S. 213 f.).

[8] Brief des Königs an seine Schwester Ulrike (Pol. Corr. VI S. 218 f.).

[9] Schreiben an Podewils (Pol. Corr. VI S. 307).

ergreifen, um mit der Pforte in unmittelbare Beziehungen zu treten. Die Streitigkeiten Rußlands mit der Türkei in den neuserbischen und polnischen Angelegenheiten hatten ihn erkennen lassen, wie sehr sowohl in Rußland als in Österreich ein Bündnis Preußens mit der Pforte gefürchtet wurde. Der russische Großkanzler Bestuscheff hielt ein solches Bündnis für das Schlimmste, was hätte eintreten können. Die Entsendung eines eigenen preußischen Unterhändlers nach Konstantinopel erfolgte jedoch erst im Jahre 1754, und zwar war es der französische Minister des Auswärtigen, Rouillé, der dem König dazu riet. Rouillé hatte allerdings seinen Vorschlag nicht ernst genommen und auch nicht erwartet, daß der König sofort darauf eingehen würde, denn im Grunde genommen sah Frankreich einen unmittelbaren Einfluß Preußens bei der Pforte nicht gern, aus Furcht, seine Handelsinteressen könnten dadurch geschädigt werden. Der französische Außenminister erhob daher nun wieder Einwände gegen die Ausführung des von ihm selbst angeregten Planes. Friedrich ließ sich aber von seinem Vorhaben nicht mehr abbringen. Ausschlaggebend war für ihn, daß Frankreich den durch Tod des bisherigen französischen Gesandten am Goldenen Horn, Desalleurs, frei gewordenen Posten nicht sofort wieder besetzte, und daß infolgedessen die Durchführung der Absichten des Königs in unliebsamer Weise verzögert wurde. Außerdem starb Sultan Mahmūd I., und es bestand die Gefahr, daß die fremden Mächte die durch den jetzt eintretenden Thronwechsel entstehenden unsicheren Verhältnisse bei der Pforte benutzen würden, um daraus für sich Kapital zu schlagen. Es wäre dann niemand da gewesen, der die Interessen Preußens hätte wahrnehmen können.

Zur Ausführung seines Planes ernannte der König den ehemaligen Commis des schlesischen Handelshauses Hübsch[1] namens Haude, der von seinem früheren Aufenthalte in der türkischen Hauptstadt her mit Sprache und Leuten des Landes einigermaßen vertraut war, zum außerordentlichen Gesandten und verlieh ihm Titel und Namen eines Geheimen Kommerzienrates von Rexin aus Pommern. In der Instruktion für diesen ist als seine Hauptaufgabe die Auskundschaftung der militärischen Verhältnisse in der Türkei bezeichnet. Daneben wurde ihm aber für alle Fälle ein Vertragsentwurf mitgegeben, in dem unter anderem eine Defensivallianz vorgesehen war.

Rexin verließ Ende Januar 1755 ohne jegliches Aufsehen Berlin, wieder, wie seiner Zeit Jurgowsky, unter dem Vorgeben des Pferdekaufs, und traf Ende März in Konstantinopel ein. Dort bediente er sich, wie ihm seine Instruktion vorschrieb, der Hilfe und Vermittlung des schwedischen Gesandten Celsing, der übrigens Rexins Fähigkeiten und Charakter von Anfang an richtig einschätzte[2]. Diese schwedische Vermittlung wurde lediglich

[1] Über Hübsch vgl. Hammer, 1. Aufl., Bd. VIII, S. 45 und auch die Akten des Sächsischen Hauptstaatsarchivs in Dresden über den polnischen Gesandten Stadnicki in Konstantinopel (Loc. 3553 Vol. I und II).

[2] Vgl. Porsch, a. a. O. S. 24 u. 69, der auf den Bericht des schwedischen Kanzleichefs bei C. Silfverstolpe: Riksrådet Grefve A. J. von Hoepkens skrifter (samlade och i urval utgifna) 2 Bde., Stockholm 1890—1892, Bd. I, S. 47, verweist.

zur Durchführung des Planes auf Einrichtung eines Immediathandels bzw. zum Abschluß eines Handelsvertrages in Anspruch genommen, da allein an diesem Schweden interessiert war. Über die sonstigen (militärischen) Aufträge hatte Rexin auch gegenüber Celsing Stillschweigen zu bewahren.

Der schwedische Gesandte bewirkte, daß Rexin schon sehr bald nach der Ankunft seine Beglaubigungsschreiben[1] bei der Pforte überreichen durfte, und zwar auf Veranlassung des damaligen, dem Könige sehr wohl gesinnten Großwezirs ʿAlī Pascha[2], ohne jedoch eine Audienz bei dem Großherrn erlangen zu können[3]. Das hierauf ausgefertigte Antwortschreiben des Sultans ist im Original in preußischen Archiven scheinbar nicht mehr vorhanden, wenigstens bisher nicht aufzufinden gewesen. Der Text ist aber von Ahmed Refīq veröffentlicht worden[4]. Eine Abschrift dieses Schreibens befindet sich im Haus-, Hof- und Staatsarchiv zu Wien. Auf demselben Blatt mit dieser Abschrift befindet sich auch noch die Abschrift von der Note, die die Pforte wegen der Ablehnung eines Handelsvertrages mit Preußen an Celsing gerichtet hat. Der Inhalt des großherrlichen Schreibens an den König ist von keiner besonderen Bedeutung, sondern ist lediglich die formelle Danksagung für die Glückwünsche des Königs zur Thronbesteigung, jedoch sei auf den Passus hingewiesen, nach dem diese Note dem preußischen Gesandten nicht unmittelbar überreicht, sondern durch Vermittlung des schwedischen Gesandten zugegangen ist. Die Note[5] an Celsing hat dagegen Bedeutung, weil, wie bereits betont, durch sie das Angebot Preußens zum Abschluß eines Handelsabkommens auf völlig unbestimmte Zeit vertagt, d. h. bei der Pfortendiplomatie, vorläufig abgelehnt wurde. Ihr Wortlaut ist folgender:

[6]„پروسیه قرالینك ارادهٔ دوستانه‌سی اولان امر تجارت خصوصی مقدّماتنك بو آنه دكین تأخیر اولدیغی عدم معامله اولنمیوب مصافات اوزره اولان دوستلرمز كبی مشار الیه دخی دولت علیّهٔ دایم القرارك عندنده سأیر دوستان صداقت شعارلری عدادندن معدود اولدیغی اسوج دولتی دوستمزك مجزومی اولمغله ان شا اللّه تعالی بوندن بویله بر شرف سال میمنت اشتماله انتظاراً قواعد دیرینهٔ دولت علیّه و قوانین مستدیمهٔ

---

[1] Text bei v. Hammer, 1. Aufl., Bd. VIII S. 513.

[2] Hekīmzāde ʿAlī Pascha war zum drittenmal, aber nur für 53 Tage, Großwezir (vom 27. 3. bis 19. 5. 1755) und wurde dann wieder abgesetzt. Vgl. über ihn die biographische Notiz in der Hadīqat ul-wuzarā, Zeil, S. 42 ff. Vgl. auch Porsch, S. 26 f.

[3] Vgl. Zinkeisen, Bd. V, S. 887 ff. Die formelle Annahme und der Vortrag des Inhaltes dieses Schreibens ist erst durch den Nachfolger ʿAlī Paschas, Naili Abdullāh Pascha, erfolgt, der vom 20. Mai bis 24. August 1755 Großwesir gewesen ist (v. Hammer, Bd. VIII S. 587).

[4] Ahmed Refīq, a. a. O., S. 21. — Das Schreiben ist datiert aus der Mitte des Monats Schaʿbān 1168 = 23. Mai bis 1. Juni 1755.

[5] Auf diese Note hat bereits v. Hammer aufmerksam gemacht (1. Aufl., Bd. VIII, S. 190 mit Fußnote f).

[6] Adresse, Eingangsformel usw. fehlen in der Abschrift. Die Note ist vermutlich mit der Pentsche des Großwezirs ausgefertigt worden.

سلطنت سنيّه اوزره قرال مشار اليه ايله عهد موالات وتشييد مصافاتى موجب اولور
عقد مادّهٔ تجارته مبادرت اولجنى [sic!] معلومى اولمق اوزره طرفلرندن بو دفعه
مأموراً كلان بكزادهسنه افهام و دوستلغه لايقه مواد نامهسيله اعاده ايتديريلهجكنى
افاده ايليهسز

Übersetzung: »Wie der uns befreundeten Schwedischen Regierung wohl bekannt sein dürfte, ist die bisherige Verzögerung der Vorbesprechungen zu dem von dem König von Preußen so lebhaft gewünschten Handelsabkommen nicht darin begründet, daß die Angelegenheit nicht verfolgt worden ist. Der König von Preußen wird, ebenso wie unsere Freunde, mit denen ein Einvernehmen besteht, bei der ewigbestehenden Hohen Pforte zu der Zahl ihrer anderen treuen Freunde gerechnet. Wollen Sie jedoch den von dem König diesmal entsandten Edelmann zu seiner Unterrichtung davon verständigen, daß wir nun in Erwartung eines Glück und Ruhm verheißenden Jahres, und entsprechend den alten Gewohnheiten der Hohen Pforte, sowie gemäß stetem Brauche des erhabenen Sultanats, so Gott will, uns beeilen werden, den Handelsvertrag abzuschließen, der dazu führen muß, unseren freundschaftlichen Beziehungen zu dem König nachzukommen und sie zu verstärken, und ihm ferner mitteilen, daß er mit dem für eine Aufnahme freundschaftlicher Beziehungen geeigneten Vertragsentwurf zurückgesandt werden wird«.

Da die Pforte zu jener Zeit keinen Wert auf eine vertragliche Bindung mit Preußen legte[1], so kehrte Rexin noch im selben Jahr, am 11. Juli[2] 1755 wieder nach Berlin zurück, zumal die Gesandten der anderen Mächte begonnen hatten, ihre Aufmerksamkeit auf ihn zu lenken, und auch Celsing zur Abreise riet.

Im Jahre 1756 zog abermals Kriegsgefahr herauf, und der König kam der Anregung Celsings nach, einen neuen Gesandten nach dem Goldenen Horn zu schicken; mit dieser Mission wurde der Flügeladjudant Fr. Marquis de Varenne betraut, der zugleich Vollmacht erhielt, Verträge abzuschließen. Der König legte vor allem jetzt größeren Nachdruck auf ein Verteidigungsbündnis. Die Reise Varennes blieb leider ohne Erfolg, da er nie nach Konstantinopel gelangt ist[3]. Auf seiner Heimreise traf er mit Rexin zusammen[4], der inzwischen zum zweiten Male als außerordentlicher Gesandter an die Pforte beauftragt worden war.

Mit Rücksicht auf den bereits ausgebrochenen Krieg hatte Rexin eine sehr eingehende Instruktion erhalten, von deren Inhalt auch der Großwezir in Kenntnis gesetzt werden sollte. Friedrich legte nämlich Wert darauf,

---

[1] Vgl. hierzu Zinkeisen, Bd. V S. 888 u. von Hammer, Bd. VIII S. 104, 137, 156 u. 190f.

[2] von Hammer, Bd. VIII S. 190 Fußnote c.

[3] Vgl. Porsch, a. a. O., S. 29.

[4] Geh. St. Arch., Bericht Rexins v. 30. März 1757.

der Pforte klar zu machen, daß eine Schwächung oder Besiegung Preußens für die Türkei sehr nachteilige Folgen würde haben können [1].

Kurz nach der Ankunft Rexins in Konstantinopel starb Sultan Osmān III. Ihm folgte Muṣṭafā III., ein Sohn Ahmeds III. Zur Zeit dieses Thronwechsels war der kluge Staatsmann Rāghib Mehmed Pascha im Amte des Großwezirs [2]. Der König hatte dem neuen Sultan zur Thronbesteigung gratuliert, worauf dieser mit einem sehr höflichen, inhaltlich jedoch belanglosen Dankschreiben antwortete [3]. Das Schreiben, das kein Datum trägt, dürfte aus dem Dezember 1756 oder dem Anfange des Jahres 1757 stammen, denn Rāghib Pascha war nach der Absetzung Muṣṭafā Paschas (10. Rebīʿ ülewwel 1170, d. i. 3. Dezember 1756) zum Großwezir ernannt worden [4], und nach dem Inhalt des Schreibens hat bereits er den Brief des Königs dem Sultan vorgetragen.

Rexin stieß gleich zu Anfang seiner Verhandlungen auf erhebliche Schwierigkeiten. Er versuchte es mit dem Abschluß eines Handelsvertrages, für den die Türken aber finanzielle Gegenleistungen in beträchtlicher Höhe verlangten; dann wieder verhandelte er über militärische Unterstützung. Sehr oft schien er seinem Ziel schon nahe, aber jedesmal zog sich die Pforte im letzten Augenblick wieder zurück. Den Gang dieser Verhandlungen darzulegen ist nicht Aufgabe der vorliegenden Arbeit. Für die Einzelheiten sei auf die Ausführungen von Porsch u. a. [5] verwiesen. Jedoch sei an dieser Stelle noch die Verbindung des Königs mit dem Chan der Krim-Tataren, Krim Girai erwähnt, deren Beginn in das Jahr 1761 fällt und mit einer Gesandtschaft des Chans in das Lager Friedrichs des Großen bei Strehlen begann [6].

Rexin erlangte erst kurz vor Beendigung des siebenjährigen Krieges von der Pforte eine Kapitulation (Freundschafts- und Handelsvertrag), deren Punktation nach dem türkischen Text [7] in den letzten Tagen des Monats Schaʿbān 1174 = 28. 3. bis 5. 4. 1761 (neuen Stils), nach dem italienischen (vom preußischen Gesandten überreichten) Text am 22. März (alten Stils)/2. April (neuen Stils) 1761 von den Bevollmächtigten unterzeichnet worden ist. Der König stimmte dem Entwurf unter dem 30. Mai 1761 [8] zu, und der Sultan bestätigte den Abschluß in Form einer Kapitulation am

[1] Dies geht aus der Instruktion für Rexin hervor (Geh. St. Arch. vom 26. 9. 1756).

[2] Vgl. die Charakteristik bei v. Hammer, 1. Aufl., Bd. VIII, S. 196.

[3] Geh. St. Arch., Rep. XI 275, Türkei, fasc. 2 (siehe Übers. S. 29).

[4] Vgl. von Hammer, 2. Aufl., Bd. IV, S. 695 Nr. 152 u. 153.

[5] Vgl. S. 5 Anmerkungen sowie das Literaturverzeichnis.

[6] Vgl. Th. Mundt, a. a. O., über Krim Girai auch v. Hammer; Gesch. d. Chane d. Krim, S. 209 ff.

[7] Nur vorhanden in einer Abschrift, die J. H. Mordtmann von einer vom Qāḍī zu Galata beglaubigten Kopie der Punktation angefertigt hat. Diese beglaubigte Kopie befand sich in den Akten des deutschen Generalkonsulats in Smyrna und ist bei dem großen Brande der Stadt im Jahre 1924, dem auch das Konsulatsgebäude zum Opfer gefallen ist, mit vernichtet worden.

[8] Geh. St. Arch., Rep. XI, 275, Türkei, fasc. 19, Bl. 25—27, vgl. unten S. 48.

24. Zi'l-hidjje 1174 = 27. Juli 1761[1]. Gleichzeitig mit dem Ratifikationsschreiben vom 30. 5. hatte der König noch je ein Dankschreiben an den Sultan und den Großwezir übersandt, die beide vom 1. Juni 1761 datiert sind[2].

Unmittelbar an den Abschluß dieser Kapitulation schloß sich die Weiterführung der Verhandlungen wegen eines Verteidigungsbündnisses[3]. Da Rexin sich nicht als genügend geeignet erwiesen hatte, die Verhandlungen allein zu führen, schickte der König zur Unterstützung den holländischen Kaufmann Delon[4] nach Konstantinopel, der sich vor allem über die Verhältnisse und die ganze Lage orientieren sollte. Der König hatte ihm befohlen, vorsichtig zu Werke zu gehen und es zu vermeiden, sich mit Rexin zu überwerfen, weil dadurch die Verhandlungen hätten gefährdet werden können. Zu einem Gesandtenwechsel konnte sich Friedrich nicht entschließen, obwohl Delon, der ihm ganz offen die ungünstigen Verhältnisse geschildert und über die Ungeschicklichkeit Rexins berichtet hatte, sehr dazu riet. Der König befürchtete, daß durch einen solchen Wechsel die Verhandlungen zum mindesten erheblich verzögert werden könnten[5]. Er hoffte trotz alledem auf eine baldige ihm günstige Entscheidung der Pforte und richtete seine militärischen Pläne ganz darauf ein, daß die Türkei einen Einfall in Ungarn machen würde. Rāghib Pascha war jedoch eine vorwiegend diplomatische Natur und besaß nur geringe militärische Fähigkeiten, so daß er schon deshalb kriegerischen Handlungen aus dem Wege ging. Zudem kannte er zu genau die damals sehr schwache Stellung seines Landes und vermied es auch aus diesem Grunde, die Pforte in einen Krieg zu verwickeln. Er stand einem militärischen Abkommen mit Preußen durchaus ablehnend gegenüber, zumal die Türkei bei dem bevorstehenden Friedensschluß zwischen Preußen und Rußland in eine sehr mißliche Lage geraten wäre, hätte sie jetzt einen Angriff auf Ungarn gewagt.

Abgesehen von all den für Preußen ungünstigen Verhältnissen jener Zeit (Sturz des Zaren, Thronbesteigung Katharinas II. u. a.), die auch einen gewissen Einfluß auf die Politik der Pforte hatten, scheiterte aber der Abschluß eines Defensivbündnisses an der Unfähigkeit und Unselbständigkeit von Rexin. Beschwert durch alle möglichen Befürchtungen und Bedenken verpaßte er die besten Gelegenheiten. Oktober 1762 lehnte die Pforte den Defensivtraktat endgültig ab, oder, richtiger gesagt, schob die Entscheidung darüber auf. Die Punktation war nämlich bereits gezeichnet, der Tag für die Auswechselung der Urkunden schon festgesetzt, und es

---

[1] Vgl. hierzu die Ausführungen unter II. dieser Arbeit.

[2] Geh. St. Arch., Rep. XI 275, Türkei, fasc. 19, Bl. 28—31.

[3] Nottebohm, a. a. O. S. 130 ff.

[4] Porsch, a. a. O. S. 57 u. 60 f. — Kurz zuvor hatte der König einen anderen Holländer, Boskamp, zum Chan der Krim geschickt, um diesen zu einer Diversion in Ungarn zu veranlassen.

[5] Vgl. hierzu die Berichte Delons v. 12. u. 25. 2. 1762 (Geh. St. Arch.) u. v. 8. 5. 1762 (Pol. Corr. XXI, S. 520) sowie den Brief des Sekretärs des Königs, Eichel, v. 10. 6. 1762 (Pol. Corr. XXI, S. 520 f.).

fanden auf türkischer Seite sogar Truppenbewegungen statt. Da brachte die Unselbständigkeit Rexins eine verhängnisvolle Verzögerung herbei. Diese wurde von Preußens Gegnern geschickt ausgenutzt. Österreich ließ z. B. durch seinen Internuntius Penckler der Pforte unter bestimmten Voraussetzungen das Banat anbieten[1]. Zu allem Unglück für Rexin traf gerade in diesem Augenblick die Kunde von der Entthronung des russischen Zaren ein. All diese Umstände veranlassten die Pforte zu ihrer abwartenden Haltung. Nach Aufzeichnungen des französischen Gesandten Vergennes ist sogar anzunehmen, daß der Großwesir sich der fremden diplomatischen Vertreter in Konstantinopel bediente, um die Pforte nicht in einen Krieg zu ziehen[2]. Obwohl nun am 14. Oktober 1762[3] das Defensivbündnis mit Preußen abgelehnt worden war, gab sich, wie gesagt, die Pforte dennoch durch Truppenbewegungen den Anschein, als ob sie weiterhin kriegerische Absichten hegte. Der Beweggrund hierzu war aber, auf dem Wege erzwungener Verhandlungen von Österreich Gebietsabtretungen in Ungarn zu erlangen. Österreich war, da der 1747 modifizierte Vertrag von Belgrad (1739 geschlossen) keine genügende Sicherheit für einen dauernden Frieden bot, durch die Haltung der Pforte in eine mißliche Lage geraten[4]. Die österreichische Regierung erkannte jedoch sehr bald die wahren Absichten der türkischen Regierung und begann nun ihrerseits in sehr geschickter Weise, die Verhandlungen durch allerlei Versprechungen hinzuziehen. Die Schwierigkeiten, die sich aus dieser österreichischen Politik für die Türkei ergaben, ließen jetzt auf Seiten des Sultans das Bedürfnis nach einem militärischen Bündnis mit Preußen entstehen. Muṣṭafā III. war sich zwar nicht klar darüber, ob der König einem solchen Plan noch günstig gesonnen war, da die früheren langjährigen Verhandlungen, zu denen Preußen die Initiative ergriffen hatte, infolge der ablehnenden Haltung der Pforte gescheitert waren. Der beste Weg, hier zu einer Verständigung zu gelangen, erschien dem Großwesir in einer unmittelbaren Auseinandersetzung mit dem Könige selbst zu liegen. Zu dieser Mission wurde der frühere Rechnungsdirektor von Anatolien, Resmī el-Hadsch Ahmed Efendi, ausersehen und, nachdem er zum außerordentlichen Gesandten ernannt worden war, mit einer Gesandtschaft an den preußischen Hof betraut[5]. Vorher hatte die Pforte bei dem König angefragt und ihre Absicht, einen Gesandten nach Berlin zu schicken, mitgeteilt. Der König zeigte sich nicht abgeneigt und war auch bereit, über einen Bündnisvertrag zu verhandeln. Der Hubertusburger Friede hatte, obwohl für ihn erfolgreich, sein ganzes Land immerhin in einer ziemlich isolierten Lage gelassen, zumal Österreich nunmehr mit Frankreich verbündet war und durch den Tod Augusts III. von Polen neue Verwickelungen zu befürchten standen. Um ein Bündnis mit

---

[1] Porsch, a. a. O. S. 75.

[2] Vgl. Nottebohm, a. a. O. S. 75.

[3] von Hammer, 1. Aufl., Bd. VIII, S. 272.

[4] Vgl. die Ausführungen bei Nottebohm, a. a. O. S. 133.

[5] Vgl. die Charakteristik Resmī Ahmeds bei Diez, a. a. O. (Vorbemerkungen) und bei von Hammer, 1. Aufl., Bd. VIII, S. 202.

der Türkei für Preußen so günstig wie möglich zu gestalten, stellte der König sehr präzise, zum Teil sehr weitgehende Forderungen und verlangte vor allem, daß der türkische Gesandte mit den nötigen Vollmachten versehen werden solle, um gegebenenfalls einen Vertrag abschließen zu können. Die Pforte lehnte diese Forderungen ab. Infolgedessen wäre die türkische Gesandtschaft nur »ein zweckloses und zeitraubendes Ceremoniell«[1] gewesen, und der König beauftragte deswegen seinen Gesandten, diese Gesandtschaft »vor dieses mal nur gäntzlich jedoch in den allerpoliesten terminis zu detourniren«[2].

Hätte Rexin diese Weisung vor der Abreise Ahmed Resmīs erhalten, so wäre er in eine äußerst unangenehme Lage gegenüber der Pforte gekommen. Der Sultan hatte ein ganz persönliches Interesse an dieser Gesandtschaft nach Berlin, und da Rāghib Pascha kurz zuvor gestorben war, Muṣṭafā aber einen geeigneten Mann für das Großwesirat nicht sogleich finden konnte, so erledigte er die Staatsgeschäfte zum weitaus größten Teil selbst und hatte auch die Leitung für die Vorbereitung der Reise Ahmeds übernommen. Wäre er jetzt plötzlich durch Rexin von der ablehnenden Haltung des Königs in Kenntnis gesetzt worden, so hätte er das als eine persönliche Beleidigung auffassen können, die nach den damaligen Gepflogenheiten der Pforte gegenüber ausländischen Gesandten für Rexin unter Umständen unangenehme Folgen hätte haben können. Die Depesche des Königs traf aber erst nach der Abreise Ahmeds ein, so daß Rexin des ihm gewordenen Auftrages enthoben war.

Der türkische Gesandte hatte Mitte Juli 1763[3] Konstantinopel verlassen und traf am 9. November desselben Jahres über Polen in Berlin ein. Am 21. November wurde er vom König mit großem Gepränge empfangen und überreichte sein Beglaubigungsschreiben[4]. Während seines mehr als fünfmonatlichen Aufenthaltes in der preußischen Hauptstadt wurde ihm von allen Seiten das Leben so angenehm wie möglich gemacht. Ihm zu Ehren wurden Festlichkeiten aller Art veranstaltet, und es wurde ihm Gelegenheit gegeben, sich über die militärischen und industriellen Verhältnisse ein-

[1] Nottebohm, a. a. O. S. 135.

[2] Schreiben des Königs an Rexin v. 2. 5. 1763 (Geh. St. Arch.).

[3] Die Angaben 19. 7. (bei Nottebohm, a. a. O., S. 137) und 20. 7. (in der Berlinischen Zeitung v. 1. 8. 1763 — vgl. Bratter, S. 116) sind unzutreffend. Die Berlinische Zeitung berichtet über die Abreise Ahmeds von Konstantinopel am 1. 8., so daß zwischen Abreise und Zeitungsbericht nur etwa 11 Tage gelegen hätten, die Mitteilung also in diesem Zeitraum von Konstantinopel nach Berlin gelangt sein müßte. Der schnellste Kurier hat aber für diese Strecke schon 16 Tage gebraucht (vgl. Porsch, S. 55 u. d. Brief Eichels an Finckenstein v. 19. 5. 1761 im Geh. St. Arch.). Zutreffend dürfte vielmehr die Angabe bei Bratter (14. Juli) sein, die leider nicht belegt ist (a. a. O., S. 114). Sie stimmt mit den Angaben in dem Reisebericht Ahmeds überein (vgl. Wāṣif, a. a. O., S. 240 unten). Darnach ist die Abreise von Konstantinopel in den ersten Tagen des Monats Muharrem 1177, d. i. die Zeit vom 12. bis 21. Juli 1763, erfolgt (das Schreiben an den König trägt das gleiche Datum — siehe Übers. S. 30). Der 14. Juli fällt also auch in diesen Zeitraum.

[4] Pr. Geh. St. Arch., Rep. XI 275, Türkei, fasc. 4 (vgl. Übers. S. 30).

gehend zu informieren. Mehrmals wurde er vom König in Privataudienz empfangen, um mit ihm persönlich über seine Aufträge zu verhandeln.

Der Aufenthalt des türkischen Gesandten in Berlin ist in vielen Berichten, z. B. der Berlinischen Zeitung[1], sowie in Einzeldarstellungen[2] beschrieben worden, auf die hier verwiesen sei. Resmī Aḥmed hat auf Grund seines Reisetagebuches einen Bericht erstattet, den Wāṣif Efendi in seiner Historiographie vollständig wiedergegeben hat[3]. Obwohl Aḥmed ein äußerst kluger Mann von höchstem diplomatischen Geschick war, hat er sich doch, wie man aus seinem Bericht sieht, über die ihm fremden europäischen Verhälthältnisse ein in vieler Hinsicht unvollkommenes und ziemlich verworrenes Bild gemacht.

Aus den verschiedensten Gründen, die zum Teil rein persönlicher Natur waren (Unterhalt, Tagegelder usw.) zog sich sein Aufenthalt in der Hauptstadt sehr in die Länge. Erst am 20. April 1764[4] gewährte ihm der König Abschiedsaudienz; am gleichen Tage wurde Rexin aus Konstantinopel abberufen und an seiner Stelle Major von Zegelin zum preußischen Gesandten bei der Pforte ernannt. Dieser führte die Geschäfte bis 1776, wo ihn Herr von Gaffron[5] ablöste. Während Zegelins Tätigkeit am Goldenen Horn starb (am 21. Januar 1774) der Sultan Muṣṭafā III.; ihm folgte sein Bruder ʿAbd ül-Hamīd I. auf dem Thron. Diese Thronbesteigung wurde dem Könige von Preußen durch Schreiben vom 17. Zil-qaʿde 1187 = 30. Januar 1774, notifiziert[6]. Unter der Regierung ʿAbd ül-Hamīds fanden die Verhandlungen statt, die zur Unterzeichnung des für Preußen so gefährlichen Vertrages durch den Gesandten Diez vom Jahre 1790 führten. Preußen verpflichtete sich in diesem Vertrage bedingungslos, im Frühjahr 1791 an Rußland den Krieg zu erklären, obwohl seine militärische Lage zu jener Zeit äußerst schwach und ungünstig war. Die Gefahr wurde nur dadurch gemildert und schließlich abgewendet, daß es dem König gelang, bei der am 20. 6. 1790 erfolgten Ratifikation noch die einschränkende Bedingung »soweit es in unserer Macht steht und die Umstände es erlauben werden«, einfügen zu lassen[7].

Dies ist in großen Zügen, unter Hervorhebung der wichtigsten Daten und Ereignisse, das Bild von der Lage und dem Verlauf der Dinge in der Zeit, in die die Abfassung der Schreiben fällt, die von den türkischen Sultanen

---

[1] Berlinische Zeitung von Staats- und gelehrten Sachen 1763 u. 1764.

[2] Vgl. die Vorbemerkungen bei Diez, a. a. O., dann Bratter, und die sehr hübsche Arbeit von B. Volz.

[3] Wāṣif, a. a. O., S. 239 ff. — übersetzt von Hammer (Nicolai), Berlin und Stettin, 1809. — Zum erstenmal veröffentlicht in der Allgemeinen Literaturzeitung, Halle, Jg. 1806, Nr. 74, 75 u. 76.

[4] Zinkeisen, Bd. V., S. 899.

[5] Der König hatte ursprünglich den Gesandtenposten bei der Pforte ganz einziehen wollen. Mit Rücksicht auf die Zarin sandte er dann wenigstens von Gaffron als Chargé d'affaires dorthin unter dem Vorbehalt, ihn später wieder durch einen Gesandten zu ersetzen. Vgl. hierzu Zinkeisen, Bd. VI, S. 121 f., nebst Anm.

[6] Geh. St. Arch., Rep. XI 275, Türkei, fasc. 6 (vgl. die Übers. S. 39 ff.).

[7] Zinkeisen, a. a. O., Bd. VI, S. 781.

Ahmed III., Osmān III., Muṣṭafā III. und 'Abd ül-Hamīd an die preußischen Könige Friedrich Wilhelm I. und Friedrich II. gerichtet sind, und die den Gegenstand der vorliegenden Arbeit bilden.

II. Die preußische Kapitulation vom Jahre 1761.

Die zwischen dem Sultan Muṣṭafā III. und dem Könige Friedrich II. im Jahre 1761 abgeschlossene Kapitulation ist offiziell in türkischer und in italienischer Sprache[1] abgefaßt worden. Von dem türkischen Text sind vier, vermutlich voneinander unabhängige Überlieferungen bekannt:

1. Die Punktation aus den letzten Tagen des Scha'bān 1174 in einer Abschrift, die vom Qāḍī zu Galata beglaubigt wurde und sich in den Akten des deutschen Generalkonsulates in Smyrna befunden hat[2].
2. Das im Preußischen Geheimen Staatsarchiv zu Berlin-Dahlem aufbewahrte Original der Kapitulationsurkunde vom 24. Zi'l-hidjje 1174[3].
3. Der Druck in der Mu'āhedāt-i 'umūmīje medjmū'asy[4].
4. Der von Ahmed Refīq veröffentlichte Abdruck aus dem Dīwān-i humajūn nāme defteri[5].

Die beiden Drucke stimmen im allgemeinen (abgesehen von orthographischen Verschiedenheiten) mit dem Original überein[6]. Woher der Text in der Mu'āhedāt-i 'umūmīje medjmū'asy stammt, ist unbekannt, da eine Quellenangabe fehlt[7]. Die 5 Bände dieser Sammlung von Verträgen der Pforte mit fremden Mächten ist in den Handel gekommen, ohne daß angegeben worden ist, wer die Herausgabe veranlaßt oder das Werk bearbeitet hat. Auf der Titelseite findet sich allerdings der Vermerk »be irāde-i 'alīje tab' we neschr imtijāzy haqīqet matba'asyna 'ā'id dir«, jedoch fehlt eine nähere Erläuterung dazu.

Der italienische Text der Punktation ist in zwei Exemplaren vorhanden, und zwar in den beiden chiffrierten Depeschen Rexins nebst Klartexten[8]. Beide Texte stimmen miteinander überein[9]. Der italienische Text ist zum

---

[1] Daß der von Rexin übergebene Entwurf italienisch und nicht lateinisch abgefaßt ist, obwohl bis dahin alle Schreiben der preußischen Könige an die Pforte lateinisch geschrieben worden waren, ist nicht so merkwürdig, denn in der Levante herrschte zu damaliger Zeit als Verkehrssprache noch das Italienische vor. — Übrigens wurde der Schriftwechsel mit der Pforte französisch redigiert, nachdem Diez Gesandter in Konstantinopel geworden war (1784). Er hatte berichtet, »que les Turcs entendent encore moins la langue latine que la françoise et qu'ils se font traduire«; (vgl. Rohrscheidt, a. a. O., S. 3. Anm. 2).

[2] Vgl. oben S. 13, Fußnote 7.

[3] St. Arch., Rep. XI 275 Türkei, fasc. 6.

[4] Konstantinopel 1294 (= 1877), Bd. I, S. 83 ff.

[5] A. a. O. S. 23 ff.

[6] Wegen der Vergleichung von Original und Punktation siehe S. 20.

[7] Es ist nicht unwahrscheinlich, daß er ebenfalls aus dem Dīwān-i humajūn nāme defteri stammt.

[8] Geh. St. Arch., Rep. XI 275, Türkei, fasc. 19, Bl. 21 ff.

[9] Vgl. jedoch unten S. 20.

erstenmal in dem Recueil von Hertzberg[1] veröffentlicht worden, später noch einmal durch Martens[2]. Amtlicherseits ist er, soweit bekannt, zum erstenmal in der Reichstagsdrucksache abgedruckt worden, die die Denkschrift für den Vertrag zwischen dem Deutschen Reich und der Türkei von 1890 enthält[3]. In dieser Drucksache ist auch die erste amtliche deutsche Übersetzung der Kapitulation enthalten. Eine französische Übersetzung hat Martens in seinem Recueil gegeben[4].

Die preußische Kapitulation ist mit ihren acht Artikeln die kürzeste bekannte Kapitulation. In diesen Artikeln wird folgendes bestimmt:

Preußen und die Türkei sichern sich gegenseitig dauernde Freundschaft zu; die Untertanen beider Mächte sollen volle Handelsfreiheit genießen (Art. 1). Die Höhe des Zollsatzes beträgt 3 v. H. In Angleichung an die Bestimmung in den anderen Kapitulationen sollen die den preußischen Gesandten gehörigen Güter zollfrei eingeführt werden dürfen; außerdem sollen die preußischen Gesandten dieselben Vorrechte genießen wie die Gesandten der anderen befreundeten Staaten (Art. 4.). Die Exterritorialität wird auf die Konsuln ausgedehnt (Art. 7). Der Konsul darf infolgedessen nicht verhaftet, sein Haus nicht durchsucht werden. Wesentlich sind die Bestimmungen, die Preußen in den Genuß der Meistbegünstigung setzen, so daß preußische Staatsangehörige dieselben Rechte, besonders auch auf dem Gebiet der Rechtspflege haben, wie die Angehörigen der anderen Kapitulationsmächte (Art. 5)[5]. Preußischen Staatsangehörigen steht es frei, vor türkischen Gerichten ihr Recht zu suchen[6]. Bei gemischten Prozessen (d. h. zwischen einem türkischen Staatsangehörigen und einem Preußen) ist für den Preußen Dragomanatsassistenz erforderlich. Falls ein Dragoman nicht anwesend ist, wird das Verfahren ungültig. Für Prozesse über 4000 Asper[7] ist der Kaiserliche Diwan zuständig. Der Nachlaß eines verstorbenen Preußen ist dem preußischen Konsul oder einem von diesem Beauftragten auszuhändigen. Den Preußen wird das gleiche Recht der freien Religionsübung zugesichert, wie es die Angehörigen der anderen Kapitulationsmächte haben.

---

1 A. a. O. vol. I, S. 486—493 (in den S. 18, Anm. 8 genannten Akten befindet sich die Notiz: Es ist dieser Tractat nunmehr in dem ersten theil des Recueil des Grafen v. Hertzberg abgedruckt).

2 Martens, Rec. des Traités, 2. Aufl., Bd. 1 (1761—1770), Göttingen 1817.

3 Reichstagsdrucksache Nr. 170, 8. Legisl. Periode, 1. Session 1890.

4 Martens, a. a. O., 2. Aufl., Bd. 1, S. 1.

5 Frankreich besaß seit 1740 die umfangreichste und eingehendste Kapitulation, so daß in besonderem Maße die in dieser enthaltenen Bestimmungen auf Preußen Anwendung fanden.

6 Vgl. hierzu Böttger, a. a. O., S. 15: »Hierbei ist einzuschalten, daß in der Praxis ein derartiger Fall wohl kaum vorgekommen ist. Das R. Ges. über die Konsulargerichtsbarkeit von 1879 erklärt in § 1 die deutschen Konsulargerichte als ausschließlich zuständig«.

7 Ein Asper (Aqtsche) ist nicht ganz 2 Pfennig. Vgl. Lehtsche-i osmānī Bd. I S. 47, und von Diez, Denkwürdigkeiten von Asien; Berlin u. Halle 1811 u. 1815, 2. Teil, S. 114, Note 1. Der Asper ist der dritte Teil eines Para; 120 Asper = 1 Piaster (Gurusch).

Die Kapitulation von 1761 ist in allen späteren Verträgen zwischen Preußen, bzw. dem Norddeutschen Bunde oder dem Deutschen Reich und der Türkei, zuletzt 1890[1], inseriert worden. Auf diese Weise ist sie bis zur Aufhebung sämtlicher Kapitulationen bei Ausbruch des Weltkrieges in Kraft gewesen.

Bei der ersten Veröffentlichung der italienischen Redaktion dieser Kapitulation in Hertzbergs Recueil sind, wie Martens schon bemerkt hat[2], eine Reihe von Fehlern stehengeblieben, die später in der zweiten Auflage des Recueil berichtigt worden sind. Die in der vorliegenden Arbeit wiedergegebene italienische Fassung ist mit dem Text der Rexinschen Depesche verglichen[3].

Über das Datum der Punktation gibt es mehrere, nicht übereinstimmende Lesarten.

Vorweg sei bemerkt, daß das von Rohrscheidt[4] angeführte Datum unter dem von ihm gegebenen Text (**12**. III. 1761) zweifellos ein Druckfehler ist, denn in seinem Register[5] steht richtig die übliche Zitierung 22. III./2. IV. 1761. Hammer nennt den 22. Schaʿbān 1174, d. i. 29. III. 1761 n. St.[6]. Er hat dieses Datum nach einer im Haus-, Hof- und Staatsarchiv zu Wien aufbewahrten italienischen Übersetzung der Kapitulation aus dem türkischen Originaltext (die mit der Rexinschen Depesche keineswegs übereinstimmt) zitiert[7]. Diese italienische Übersetzung ist wie folgt datiert:

»22 di saban 1174 cioè li 28 Marzo S. V. dell'anno 1761«.

Darunter befindet sich als NB.:

»il 22 di saban 1174 corrisponde colli 29. Marzo St. n. e 18 Marzo St. Vet.: Onde qui pare essere un errore nelli numeri«.

Die Abschrift der türkischen Punktation trägt folgendes Datum:

تحريراً فى اواخر شهر شعبان المعظم سنه اربع وسبعين ومائة والف

also etwa die Zeit vom 21.—29. Schaʿbān 1174, d. i. vom 28. III.—5. IV. 1761 (n. St.)[8]. Der 2. 4 (n. St.), das Datum der Rexinschen Depesche, fällt demnach in den Zeitraum, den das Datum der türkischen Punktation umfaßt. Sollte aber auch das Datum der Wiener Übersetzung vom 29. III. zutreffen, das ebenfalls in diesen Zeitraum fällt, so ließe sich diese Verschiedenheit nur so erklären, daß der Austausch der Urkunden tatsächlich, wie Rexin angibt, am 2. 4. 1761 n. St. stattgefunden hat, seine Depesche also das Da-

[1] Freundschafts-, Handels- u. Schiffahrtsvertrag zwischen dem Deutschen Reich und der Türkei, Art. XXIV (RGBl. 1890, S. 133 ff.).

[2] Martens, a. a. O., S. 1, Anmerkung.

[3] Vgl. oben S. 18, Fußnote 8.

[4] Rohrscheidt, a. a. O., S. 925.

[5] S. 939.

[6] 1. Aufl., Bd. VIII, S. 240; 2. Aufl., Bd. IV, S. 526. — Seine Angabe Bd. IX, S. 301 oben: 20. Schaʿbān 1173 muß ein Irrtum sein, denn er gibt das Datum umgerechnet richtig mit 29. III. 1761 an.

[7] 1. Aufl., Bd. VIII, S. 240, Anm. a; 2. Aufl., Bd. IV, S. 526, Anm. a.

[8] Vgl. S. 47.

tum des Austauschtages trägt, während die Pforte in ihren Entwurf das Datum des Ausstellungstages eingesetzt hat[1].

Die türkische Fassung der Punktation und das türkische Original stimmen hinsichtlich des Textes der acht Artikel, die den eigentlichen Inhalt der Kapitulation bilden, genau überein und entsprechen auch im allgemeinen dem offiziellen italienischen Text. Größere Abweichungen weisen dagegen Präscriptum und Conclusion der einzelnen Fassungen auf. Diese Abweichungen sind ohne weiteres aus dem Text bzw. den Übersetzungen dazu ersichtlich und können hier unberücksichtigt bleiben, da sie für die Auswirkungen der Kapitulation ohne Bedeutung sind. Noradounghian hat zwar auf die verschiedene Fassung der Conclusion hingewiesen[2], diese enthält jedoch lediglich die Bestimmungen über die Ratifikation und kann daher ebenfalls außer Betracht bleiben. Hier interessiert nur der Wortlaut der acht Artikel, den der König mit seinem Schreiben vom 30. Mai 1761 ratifiziert hat, und der entsprechende Text des türkischen Originals vom 24. Zi'l-hidjje 1174 = 27. Juli 1761[3].

Diesem türkischen Original muß man bei einer Behandlung der Kapitulation in jedem Fall stets den Vorrang einräumen, und zwar aus folgenden Gründen. Die Pforte hat von jeher den Standpunkt vertreten, daß die vom Sultan den fremden Mächten gewährten Kapitulationen einseitige Rechtsgeschäfte seien. Sie hat in Konsequenz dieser Auffassung nach Ausbruch des Weltkrieges (am 26. 8. 1330 = 8. 9. 1914) durch großherrliches Irāde sämtliche Kapitulationen für aufgehoben erklärt. Zur Rechtfertigung dieser Maßnahme hat sie sich nicht auf die clausula rebus sic stantibus berufen[4]. Allein damit hätte sie aber die einseitige Aufhebung rechtfertigen können, denn nach herrschender völkerrechtlicher Ansicht sind die Kapitulationen mindestens seit dem Frieden zu Kütschük Kainardsche (1774) als zweiseitige Verträge anzusehen, da in diesem zum ersten Male eine europäische Macht der Pforte gegenüber Verpflichtungen übernommen hat. Nach Völkerrecht ist allerdings das Kennzeichen für einen zweiseitigen Vertrag nicht erst die Übernahme gegenseitiger Verpflichtungen, sondern vor allem und in erster Linie die vorherige Einigung der Vertragsparteien über den Inhalt. Diese Einigung ist, wie schon vordem bei vielen Kapitulationen an andere Mächte, so auch bei der Kapitulation für Preußen erfolgt. Da diese Frage in das Gebiet der Rechtswissenschaft gehört und zudem bis heute noch umstritten ist, so braucht in diesem Zusammenhang nicht darauf eingegangen zu werden. Nur muß man berücksichtigen, daß die türkische Regierung in diesem Punkt stets eine andere Auffassung vertreten hat als

---

[1] Denn die Kaiserliche Kanzlei hatte nur die Übung, bisweilen die Schriftstücke vor-, nicht aber zurückzudatieren.

[2] Noradounghian, a. a. O., Tom. I, S. 315, Anm. 1: »La traduction de ces capitulations, ainsi que de beaucoup d'autres, n'est pas litéralement conforme au text turc. L'Epilogue, en particulier, qui constitue les ratifications, est tout à fait différent dans l'original turc.«

[3] Vgl. S. 54 ff.

[4] Vgl. hierzu Lehmann, a. a. O., S. 59 ff.

die zur Zeit herrschende völkerrechtliche, und man muß ihren Standpunkt um so mehr würdigen, als die meisten europäischen Mächte sich nach Beendigung des Weltkrieges, in der Regel bei Abschluß neuer Verträge, nicht gegen das Vorgehen der Pforte hinsichtlich der Aufhebung der Kapitulationen ausgesprochen haben. Bei dieser Sachlage muß man dem türkischen Original vom 24. Zil-hidjje 1174 den Vorzug geben, denn sie stellt eben nicht ein Ratifikationsschreiben des Sultans dar, sondern ist die Preußen gewährte Kapitulation [1].

Bisher ist bei Arbeiten über die erste preußische Kapitulation stets nur der italienische Text vom 2. 4. 1761 berücksichtigt worden, obwohl der türkische Text seit Ende vorigen Jahrhunderts in der Muʿāhedāt medjmūʿasy veröffentlicht ist. Die amtliche deutsche Übersetzung in der Reichstagsdrucksache [2] ist, ebenso wie die französische bei Martens [3], aus dem italienischen Text ohne Berücksichtigung der türkischen Redaktion gefertigt worden. Daher allein ist es zu erklären, daß ganz offensichtliche Fehler, die bei der ersten Veröffentlichung der Kapitulation entstanden sind, noch in den neuesten Arbeiten wieder mit abgedruckt wurden, die aber bei einem Blick in den türkischen Text sofort hätten berichtigt werden können. Infolgedessen enthält auch die amtliche deutsche Übersetzung einige Ungenauigkeiten, die hier richtigzustellen sind. Außerdem sind einige türkische Ausdrücke zu erläutern, die gar nicht übersetzt, sondern als Fremdworte aus dem Türkischen in die italienische Fassung übernommen worden sind.

In Artikel 1 wird bestimmt, daß preußische Schiffe in gleicher Weise wie die Schiffe der anderen Nationen bei ihrer Ankunft in türkischen Gewässern oder Hafenplätzen einen Betrag von 300 Asper als »selāmet aqtschesi« zu entrichten haben. Rexin hat selāmet aqtschesi mit »salvo arrivo« übersetzt. Es ist möglich, daß diese Bedeutung dem damaligen türkischen Sprachgebrauch entspricht. In erster Linie handelt es sich jedoch um eine Art Ankergebühr (droit d'ancrage), die etwa unserer heutigen Kaigebühr entspricht [4]. Dabei ist zu berücksichtigen, daß es außer selāmet aqtschesi noch eine besondere Ankunftsgebühr gab, die »resm-i qudūm« hieß [5].

Die in Artikel 2 genannte Qaṣṣābīje-Abgabe ist eine Steuer, die von der Bevölkerung erhoben wurde, um die Mindereinnahmen bei der amtlicherseits organisierten Fleischversorgung der Hauptstadt den Aufkäufern zu ersetzen. Sie ist durch das Gesetz des Sultan Suleimān für die Raja (qānūn-i raʿājā) eingeführt [6] und erst bei Beginn des 19. Jahrhunderts wieder auf-

---

[1] Diese Auffassung vertritt anscheinend auch Lehmann, a. a. O. S. 54f. Das Original ist im Pr. Geh. St. Arch. unter Rep. XI 275, Türkei, fasc. 6 als »Ratifikationsschreiben« registriert.

[2] Vgl. oben S. 19 Anm. 3.

[3] Vgl. oben S. 19 Anm. 4.

[4] Vgl. Bianchi-Kieffer, s. v. سلامت. — In den Schiffsfermanen steht übrigens in der Regel اقچه سلامت رسمی und nicht سلامت اقچه‌سی.

[5] von Hammer, 1. Aufl., Bd. III, S. 482. (رسم قدوم)

[6] Ebenda S. 481.

gehoben worden. J. H. Mordtmann[1] glaubt, daß qaṣṣābīje gleichbedeutend ist mit dem von Ahmed Refīq so oft genannten »ẓarar-i lahm«, d. i. Fleischschaden[2].

Am Schluß von Artikel 5 der amtlichen deutschen Übersetzung ist eine Stelle wie folgt wiedergegeben:

». . . . und wenn an einem Orte, wo ein Preuße wohnt, der Körper eines getöteten Menschen gefunden werden sollte, so soll dieser Preuße mit der prezzo di sangue genannten Untersuchung nicht belästigt werden, wenn er nicht in gesetzlicher Weise der Schuld überführt worden ist.«

Im italienischen Text lautet diese Stelle folgendermaßen:

». . . e se in quel luogo dove abita un Prussiano si troverà il corpo di qualche huomo ucciso, se non si convincerà legalmente colpevole esser un Prussiano, non sarà molestato con domanda che si chiama prezzo di sangue.«

Aus der Gegenüberstellung der beiden Texte ergibt sich ohne weiteres, daß die deutsche Übersetzung ungenau ist. Prezzo di sangue ist keine Untersuchung, sondern eine Buße (türkisch: dem diet)[3]. Auch ist der deutsche Text völlig unlogisch, denn um die Schuld eines Menschen auf gesetzliche Weise festzustellen, muß natürlich zunächst eine Untersuchung, und zwar eine gerichtliche Untersuchung, stattfinden. Der italienische Text drückt das ganz richtig aus und deckt sich fast mit dem türkischen, der so lautet:

پروسیالو ساکن اولدیغی محلده مقتول کمسنه‌نك لاشه‌سی ظهورنده پروسیالو
اوزرینه شرعاً بر تهمت ثبوت بولمدقچه دم دیت طلبیله رنجیده اولنمیه

Deutsch ist diese Stelle etwa folgendermaßen wiederzugeben:

». . . . und wenn an einem Orte, wo ein Preuße wohnt, die Leiche eines Ermordeten gefunden wird, so soll er, solange nicht

---

[1] Ich verdanke diesen Hinweis einer persönlichen Mitteilung.

[2] Ahmed Refīq, اوننجی عصر هجریده استانبول حیاتی, S. ١٩ f, u. ١٢٢ f.

[3] dem diet = Blutzins oder Wergeld besteht neben ʿüschr-i diet = Blutzehnt, und ist auf Grund des Scherīʿatgesetzes zu entrichten, wenn die Angehörigen des Ermordeten es dem Täter gestatten. Muṣṭafā II. hat im Jahre 1111 = 1699 einen Ferman erlassen, nach dem diese Buße nicht verlangt werden darf, wenn es sich um augenscheinlich zufällige Todesfälle handelt, z. B. durch Erfrieren, Blitzschlag, Absturz von einem Felsen usw. (Vgl. v. Hammer, 1. Aufl., Bd. IX, S. 499, Nr. 2064.) Diese Bestimmung war erforderlich, weil häufig Unfug getrieben wurde. Falls der Mörder nicht entdeckt werden konnte, mußten nämlich die Bewohner des Viertels, in dem der Tote gefunden worden war, für das Wergeld aufkommen (vgl. Spandouyn Cantacasin, a. a. O., S. 213: »Et s'il y a aulcun homme qui ayt esté tué et qu'on ne puisse trouver le meurdrier, les voisins des lieux ou ledict personnaige aura esté tué sont tenuz et obligez de rendre ledict meurtrier prisonnier et s'ilz ne le peuvent trouver, ilz sont tenuz de payer au plus prochain parent dudict deffunt vingt quatre mille aspres pour le sang d'ung homme mort). Infolgedessen schleppten die Bewohner eines Viertels, sobald sie einen Leichnam fanden, diesen in das nächste Viertel, oder stießen ihn, falls er z. B. angeschwemmt war, wieder in den Strom. Dem sollte wenigstens für solche Fälle vorgebeugt werden, in denen es sich offenbar um ein Unglück handelte.

ein Verdacht gegen den Preußen sich auf die im Gesetz vorgeschriebene Weise bestätigt hat, mit der Forderung der dem diet (prezzo di sangue) genannten Buße nicht belästigt werden«.

Die in Artikel 3 genannte Consolato ist eine Abgabe, die früher von den Venetianern für die Gründung ihrer Konsulate entrichtet werden mußte.

In Artikel 6 des italienischen Textes ist bei der ersten Veröffentlichung des Vertrages ein Fehler unterlaufen, der sich bis in die neuesten Arbeiten erhalten hat: Resmivismet[1]. Dies Wort existiert im Türkischen überhaupt nicht, und ein Blick in den türkischen Text hätte den Irrtum sofort aufklären müssen. Es heißt: Resm-i qysmet (رسم قسمت). Resm-i qysmet ist eine Erbschaftssteuer (genauer: Erbteilungssteuer), die an den Richter zu zahlen ist, der über den Anfall einer Hinterlassenschaft oder über die Erbteilung entscheidet.

Über die praktischen Auswirkungen der ersten preußischen Kapitulation ist nur wenig zu berichten, da die Akten der damaligen preußischen Gesandtschaft bei der Pforte nicht mehr vorhanden, vielleicht bei einer der häufigen Feuersbrünste in Stambul vernichtet worden sind. Außerdem sind die Akten der preußischen Ministerien aus jener Zeit auch sehr lückenhaft.

Soweit festzustellen, haben sich gelegentlich Schwierigkeiten bei der Schiffahrt gezeigt[2]. Zwar hat die Pforte stets auf Ansuchen der preußischen Regierung die erforderlichen Schiffsfermane für preußische Schiffe ausgestellt. Die Schiffahrt hatte aber allgemein viel unter den Seeräubereien der Barbareskenstaaten zu leiden. Der preußische Gesandte zu Konstantinopel, von Knobelsdorff, berichtet z. B. unter dem 25. November 1795[3], daß er von der Pforte eine schriftliche Weisung an die Deis von Tunis, Algier und Tripolis erwirkt habe, Schiffe unter preußischer Flagge, die mit einem Ferman des Sultans versehen sind, zu schonen und als Freunde der Pforte zu behandeln. Dieser Ferman[4] ist aber sehr vorsichtig gehalten und eigentlich keine Weisung, sondern mehr eine Bitte des Großwesirs. Die Pforte vertrat nämlich den Standpunkt, daß die Barbareskenstaaten nicht in die von ihr gewährten Kapitulationen eingeschlossen seien[5]. Daher brauchten die Deis sie nicht zu beachten, und es konnte ihnen auch keinerlei Befehl auf Grund dieser Kapitulationen gegeben werden. Viel scheint das Schreiben des Großwesirs nicht genutzt zu haben, denn man hat vorgezogen, die meisten Waren wieder auf dem Landwege nach Konstantinopel zu befördern. England hatte wegen dieser Unsicherheit zur See bereits früher einen besonderen Vertrag mit den Barbareskenstaaten abgeschlossen[6].

Den militärischen Wünschen Friedrichs II., die für ihn während des siebenjährigen Krieges naturgemäß im Vordergrund stehen mußten, ist in

[1] Vgl. hierzu unten S. 53, Anm. 11.

[2] Geh. St. Arch., Rep. XI 274, Türkei, fasc. 8, Heft 1—10.

[3] Ebenda, fasc. 5, Bl. 111 u. 112.

[4] Übersetzung ebenda, Bl. 117 u. 118.

[5] Bericht Zegelins (Geh. St. Arch., Rep. XI 274, Türkei, fasc. 4, Nr. 23).

[6] Am 28. Juli 1760/5. August 1761 (vgl. Martens, a. a. O. Bd. I, S. 42 ff.).

dieser ersten Kapitulation zwar nicht Rechnung getragen, oder höchstens insoweit, als in dem letzten Artikel die Möglichkeit weiterer Verhandlungen offengelassen worden ist, die sich nach mündlicher Vereinbarung der beiderseitigen Unterhändler auf den Abschluß eines Defensivtraktates erstrecken sollten. Berücksichtigt waren lediglich die Schiffahrts- und Handelsinteressen. Dennoch ist es als ein großer Erfolg anzusehen, daß es Preußen gelungen ist, unter den damals äußerst schwierigen und verwickelten politischen Verhältnissen sowie bei der verworrenen außen- und innenpolitischen Lage der Pforte überhaupt eine Kapitulation zu erlangen, zumal Rexin den vielen Schwierigkeiten nicht im geringsten gewachsen war. Der Abschluß dieser Kapitulation hat in mancher Hinsicht nicht unwesentlich auf die Beendigung des siebenjährigen Krieges eingewirkt, und zwar besonders wegen der Vorbehalte in Artikel 8, nach dessen Wortlaut die Preußen feindlichen Mächte immer noch mit einem militärischen Bündnis zwischen der Pforte und Preußen rechnen mußten.

III. Die Urkunden.

Die Maße der einzelnen Urkunden sind jeweils oberhalb der Übersetzungen genau angegeben. Sämtliche Urkunden sind auf gelblichem, pergamentartigem, gut geglättetem Papier geschrieben. Scheinbar sind sie zum Teil von fremder Hand einmal beschnitten worden, denn bei einigen reicht die Schrift bis hart an den linken Rand, und außerdem trägt nur eine (fasc. 1) die invocatio, während diese auf allen anderen, sogar auf der Kapitulation, fehlt, eine Tatsache, die jedenfalls sehr merkwürdig ist. Man kann kaum annehmen, daß etwa eine absichtliche Fortlassung seitens der Kanzlei des Kaiserlichen Diwans vorliegt.

Im allgemeinen hat jede der hier behandelten Urkunden 6 bis 7 Faltprodukte, die Kapitulation deren 11. Die Ṭughrā befindet sich meist zwischen dem 2. und 3. Faltprodukt. Der Zeilenabstand der Schrift beträgt im Durchschnitt 6 bis 7 cm, bei der Kapitulation 4 cm. Die Ṭughrā ist auf allen Schreiben in Gold hergestellt; in der Kapitulationsurkunde sind außer der Ṭughrā noch der Name des Sultans مصطفی خان, sowie der Anfang eines jeden Artikels, z. B. اولکی مادّه und die Chātime (خاتمه) in Goldschrift geschrieben.

Die Schrift ist fast durchgängig Sülüs-Dīwānī oder eine diesem ähnliche, sehr kunstgerecht und sorgfältig geschrieben. Die Schrift der Kapitulation ist kalligraphisches Nasḫī.

Einige der Urkunden haben durch den Einfluß von Feuchtigkeit gelitten, wodurch sich insbesondere die Schrift an mehreren Stellen abgedrückt hat; außerdem sind hier und da Flecke entstanden.

Wie bei allen früheren bisher bekannten türkischen Urkunden aus dem 16. bis 18. Jahrhundert ist auch bei den vorliegenden die Gliederung des Textes unter Zugrundelegung einer bestimmten Form erfolgt und deckt sich ziemlich (abgesehen von der schon erwähnten invocatio) mit dem von

Kraelitz gegebenen Schema[1]. Beachtenswert erscheint, daß in den Schreiben fasc. 1 und fasc. 2 die inscriptio vor der intitulatio steht: während der Sultan sich sonst in der Regel bei solchen Schreiben zuerst nennt[2], steht hier der Empfänger an erster Stelle. Es folgt die expositio oder narratio, sodann die Beglaubigungsformel (die in einigen Urkunden allerdings schon unmittelbar vor der expositio steht) und das Schlußprotokoll mit Datum und Ausstellungsort.

In der intitulatio spricht der Sultan von sich durchweg in der 1. pers. sing., in der expositio in der 1. pers. plur. Der Empfänger wird stets in der 2. pers. plur. angeredet.

Über die Datierung türkischer Urkunden ist eine restlose Klärung bisher noch nicht möglich gewesen. Auch besteht hinsichtlich der Bezeichnung der Monatsdrittel keine Einheitlichkeit. Kraelitz hält an der Bezeichnung »Dekade« fest, während Fekete z. B.[3] »اوائل« mit »die ersten Tage«, »اواخر« mit »die letzten Tage« übersetzt. Im Grunde ist der Unterschied dieser Bezeichnungen nicht so sehr groß; man wird vor allem darauf zu achten haben, die letzten Tage derjenigen Monate des arabischen Mondjahres, die nur 29 Tage haben, bei der Umrechnung tatsächlich auch nur mit 9 Tagen wiederzugeben[4].

Die Sprache der vorliegenden Schreiben ist, wie das Osmanisch-Türkische des ganzen 18. und 19. Jahrhunderts, sehr gekünstelt. Um den Inhalt in einigermaßen lesbarem Deutsch wiedergeben zu können, haben die Satzperioden verschiedentlich untergeteilt werden müssen. Die größte Schwierigkeit bereitete die Übersezung der vielen synonymen Ausdrücke, an denen das Türkische so reich ist, für die wir aber im Deutschen nicht genügend gleichwertige Worte haben. In solchen Fällen ist bisweilen eine Verstärkung durch beigeseztes Adverb oder Attribut gewählt worden.

Von den auf der Rückseite der Urkunden befindlichen Vermerken sind hier Photographien beigegeben worden, obwohl sich bislang eine einwandfreie Deutung nicht hat ermöglichen lassen. F. Kraelitz teilte mir mit, daß die Vermutung, es könnte sich um Beglaubigungsvermerke, etwa مقابله شد, handeln, sicher nicht zutreffend sein kann[5].

Von der Verpackung der Urkunden ist noch einiges vorhanden, so eine Anzahl roter Siegel, ein silberner Beutel (كيسه), eine seidene Hülle, Adressen u. dgl. Es ist jedoch nicht mehr festzustellen, zu welcher Urkunde die einzelnen Stücke gehören; so, wie sie jetzt beieinander liegen, gehören sie sicher nicht zusammen. Mit Rücksicht darauf ist von einer genaueren Beschreibung abgesehen worden.

---

[1] Kraelitz-Greifenhorst, Osmanische Urkunden usw., a. a. O. S. 11 ff.

[2] Vgl. hierzu die Ausführungen von Fekete, a. a. O. S. XXXII f.

[3] A. a. O. S XL.

[4] Zur Frage der Datierung vgl. F. Babinger, Zwei türkische Schutzbriefe für Georg II. Rácóczi, Fürsten von Siebenbürgen, aus dem Jahre 1649, in: Le Monde oriental, XIV, 1920, S. 22 Anm. 2.

[5] Herr Professor Kraelitz hatte die Freundlichkeit, mir kürzlich in Wien zu sagen, er glaube ziemlich bestimmt, daß es sich um das Wort صح handele, nur sei es ihm noch nicht gelungen, den Ductus zu finden.

Rep. XI 275 Türkei, fasc. 1.[1]

Schreiben des Sultans Ahmed III. an König Friedrich Wilhelm I.

Größe: 200×81,7 cm. (Vgl. S. 57.)

Ṭughrā.

(Ahmed ben Mehmed, der stets Siegreiche).

Ruhm der Fürsten, die an Jesum glauben, Auserwählter unter den Großen christlicher Religion, Schlichter der Angelegenheiten der christlichen Staaten, der die Schleppe der Pracht und der Würde nach sich zieht, Träger der Zeichen von Hoheit und Ansehen, König von Preußen und Herrscher über viele dazu gehörige Territorien, Kurfürst des Römischen Kaiserreiches, Unser Freund Friedrich Wilhelm I /: Gott, der Höchste, möge sein Ende glücklich gestalten :/, bei Ankunft Unseres erhabenen kaiserlichen Handzeichens, dem die Welt gehorcht, sei Euch folgendes kund:

Das von Euch abgesandte Schreiben aufrichtiger Freundschaft, gerichtet an Unsere erhabene, dem Orte des Sidr-Baumes[2] gleichende Schwelle, die Hohe, dem Himmel an Pracht gleichende Pforte, die durch die unendliche Gnade Gottes, des allerhöchsten Herrn /: erhaben ist er über einen Genossen oder einen Gleichen, und geheiligt seine Attribute vor der Unvollkommenheit von Umgestaltung und Vergänglichkeit :/, sowie durch die Beglückungen der segensreichen Wunder des Erbarmens gegenüber der Welt, des Herrn der Propheten und Ruhmes der Heiligen, des Freundes Gottes und Fürsprechers am Tage der Vergeltung, unseres großen Propheten Muhammed, des Auserwählten /: Gott, der Erhabene, segne ihn und verleihe ihm Heil :/, der Hort der mächtigen Sultane und die Zuflucht der erlauchten Chaqane ist, ist an den Sitz des Thrones des Hohen Sultanats, an die Residenz Unseres erhabenen Chalifats, das unter göttlichem Schutz stehende Konstantinopel /: in alle Ewigkeit möge es unter göttlichem Schutz bleiben :/ gelangt. Die Übersetzung davon ist altem osmanischen Brauch und stetem Herkommen der Regierung des Weltalls entsprechend durch den Ersten Minister, den sehr ruhmreichen Berater, die Ordnung der Welt, den Ordner der Ordnungen der Völker, den verstandesscharfen Leiter der Geschäfte des Staates, der die wichtigen Angelegenheiten der Menschheit durch treffendes Urteil zu gutem Ende führt, der das Gebäude der Macht und des Wohlstandes gründet, der die Stützen des Glückes und des Ruhmes festigt und die Ehre des hochmächtigen Sultanats vollkommen macht, der die Rangordnung in dem machtvollsten Chalifat festsetzt, der umgeben ist mit allen Arten von Gnade des allerhöchsten Königs[3], den pflichttreuen Großwesir, den bevollmächtigten Stellvertreter, der die löblichsten Anlagen besitzt, Meinen verehrungswürdigen Schwiegersohn Ibrāhīm Pascha[4] /: der

[1] Signatur des Preuß. Geh. Staatsarchivs.

[2] Sidr ist ein Wunderbaum, der im siebenten Himmel am Eingang zum Paradies, zur Rechten des Thrones Allahs stehen soll.

[3] scilicet: Allāh.

[4] Ibrāhīm Pascha wurde im Jahre 1718 Großwesir (von Hammer, 2. Aufl. Bd. IV, S. 157) und blieb in diesem Amte bis zum 18. Rebīʿ ül-ewwel 1143 (= 1. 10. 1730), wo er im Aufruhr erschlagen wurde.

Höchste möge seinem Ruhm lange Dauer verleihen, seinen Erfolg befestigen und vervielfältigen:/ an dem Fuße des höchsten Sitzes, vor Unserem himmelanstrebenden Throne unterbreitet und vorgetragen worden. In diesem freundschaftlichen Schreiben teilt Ihr mir mit, daß Ihr Eueren Stallmeister mit Namen Johannes Jurgowski in besonderem Auftrage an Unsere glückselige Pforte entsandt habt, um einige Pferde zu kaufen, die Eueren Stall schmücken und auszeichnen, ihm Ruhm und Berühmtheit verschaffen sollen, weil durch die Gunst Gottes, des Spenders und Herrn aller Güter, die in Unseren wohlbehüteten Landen vorkommenden und gezüchteten[1] Pferde berühmter und vorzüglicher sind als die Pferde in anderen Ländern, und daher würdig befunden werden, in den Hofställen der Könige angehalftert zu sein. Zu diesem Vorhaben habt Ihr Unsere Kaiserliche Erlaubnis und Zustimmung nachgesucht und erbeten. Ihr habt zugleich den lebhaften Wunsch geäußert, in den Kreis Unserer anderen Freunde[2] einzutreten, und dadurch Euere Neigung zur Freundschaft mit Unserem erlauchten Herrscherhause sowie Euere Zusicherung der Freundschaft und Liebe bezeigt.

Es entspricht nun den schönen Traditionen und den gepriesenen Ruhmestiteln, die von Unseren Vätern hoher Eigenschaften und von Unseren glücklichen Ahnen erhabenen Geschlechtes überkommen und ererbt sind, daß die Könige löblichen Wandels, die diesem wohlwollenden, freigebigen osmanischen Hause und dem auf festen Pfeilern ruhenden, weltbeherrschenden Geschlechte aufrichtige Freundschaft anbieten sowie den Wunsch nach friedlichen und aufrichtigen Beziehungen dartun, von Uns mit fürstlicher Zuneigung betrachtet und in alle Arten Unserer Kaiserlichen Huld eingeschlossen werden. Infolgedessen ist Euerer Bitte und Euerem Ersuchen Unsere großherrliche Zustimmung und Genehmigung erteilt worden. Da nun Euer Diener seinen Auftrag wunschgemäß erledigt hat und den Zügel zur Rückkehr zu lenken willens ist, so ist in Zustimmung zu der Freundschaft mit Euch dieses, Unser huldreiches Kaiserliches Schreiben erlassen und übersandt worden.

Bei seiner Ankunft möget Ihr bedenken: Solange von Euch diese Freundschaft und die freundschaftlichen Beziehungen, die zwischen Uns beiden begründet und aufgebaut worden sind, bewahrt und beschützt werden, und Ihr ihre Vorbedingungen beachtet und in Ehren haltet, ist sicher und feststehend, daß auch von Seiten Meiner Hohen Pforte diese Freundschaft gewahrt und beschützt werden wird.

Das Heil sei auf denen, die der rechten Leitung folgen.

Geschrieben in den ersten Tagen des erhabenen Schaʿbān im Jahre 1133[3].

Gegeben in der Residenz,
dem Sitz des erhabenen Sultanats,
dem wohlbeschützten Konstantinopel.

---

[1] Wörtlich: die auf die Rennbahn des Daseins gelangen.

[2] Vgl. oben S. 6.

[3] 28. 5. bis 6. 6. 1721.

Rep. XI. 275 Türkei, fasc. 2.

Schreiben des Sultans Muṣṭafā III. an König Friedrich II.

Größe: 172,6×72,8 cm. (Vgl. S. 60).

Ṭughrā.

(Muṣṭafā ben Ahmed Chān, der stets Siegreiche).

An den Ruhm der mächtigen Fürsten, die an Jesum glauben, den Auserwählten unter den erlauchten christlichen Großen, den Schlichter der Angelegenheiten der christlichen Staaten, der die Schleppe der Pracht und der Würde nach sich zieht, den Träger der Zeichen von Hoheit und Ansehen, Preußens König und Markgrafen von Brandenburg, Erzkämmerer des Römischen Kaisers, Kurfürsten und Fürsten, Obersten Herzog von Schlesien und Herrscher über andere Territorien, Seine Majestät Unseren mächtigen Freund Friedrich /: Gott, der Höchste, möge sein Ende glücklich gestalten :/. Bei Ankunft Unseres erhabenen Kaiserlichen Handzeichens sei Euch folgendes kund:

Euer freundschaftliches Schreiben an Unsere erhabene, dem Orte des Sidr-Baumes gleichende Schwelle und an Unsere Hohe Pforte von himmlischer Pracht, die durch die vollkommene Gunst und Gnade Gottes, des allerhöchsten Herrschers /: erhaben ist er über einen Genossen oder einen Gleichen :/ und durch die segensreichen Wunder des Siegels der Propheten und Herrn der Heiligen, des Freundes Gottes und Fürsprechers am Tage des Gerichtes, Muhammeds, des Auserwählten, der zum reinsten Erbarmen der Welten geworden ist /: ihm mögen die lautersten Segnungen zuteil werden :/, der Hort der Chosrauen der Epoche, die Zuflucht der Cäsaren der Zeitläufte ist, und das mit schönem Vorsatz und lauterer Gesinnung den Glückwunsch zu unserer glückbringenden Kaiserlichen Thronbesteigung sowie den Ausdruck Euerer aufrichtigen Freundschaft enthält, ist durch den mittels untersiegelter Urkunde und gehöriger Vollmacht zum Bevollmächtigten ernannten Geheimrat, den mit Eueren gesamten Angelegenheiten Vertrauten, Eueren Rat, den ehrenwerten und bewährten Carl Adolf Rexin hierher gelangt.

Urschrift und Übersetzung davon sind, altem Brauch des Osmanischen Reiches und stetem Herkommen Unseres erhabenen Sultanats entsprechend, durch den Ersten Minister, den sehr ruhmreichen Ratgeber, die Ordnung der Welt, den Ordner der Ordnungen der Völker, den verstandesscharfen Leiter der Geschäfte des Staates, der die wichtigen Angelegenheiten der Menschheit durch ein treffendes Urteil zu gutem Ende führt, der das Gebäude der Macht und des Wohlstandes gründet, die Stützen des Glückes und des Ruhmes festigt, die Rangordnung in dem machtvollsten Chalifat festsetzt, der die Ehre des hochmächtigen Sultanats vollkommen macht, der umgeben ist mit allen Arten von Gnade des allerhöchsten Königs, durch den asafgleichen Großwesir, meinen treuen, bevollmächtigten Stellvertreter, Rāghib Mehmed Pascha /: Gott, der Höchste, verleihe seinem Ruhm Dauer, befestige und vervielfältige seinen Erfolg und sein Glück :/ an dem Fuße Unseres mächtigen Kaiserlichen Thrones unterbreitet, vorgetragen und vollständig erfaßt, sein Inhalt, Wortlaut und Sinn zu Unserer umfassenden Kaiserlichen Kenntnis gebracht worden. Die Bezeugung Euerer Freundschaft und Zuneigung hat eine tiefe innere Befriedigung hervorgerufen. Da es dem edelmütigen Charakter der Hohen Pforte und den gepriesenen Eigenschaften Unseres erhabenen Chalifats entspricht, diejenigen freundlich zu behandeln, die Unserem durch Ehre und Macht glänzenden, kraftvollen Sultanat gebührende Loyalität und aufrichtige Freundschaft bezeugen, und um Unsere Befriedigung darüber zum Ausdruck zu bringen, daß Ihr in so ausgezeichneter Weise die Ausführung des Zeremoniells zu gratulieren und Glück zu wünschen beobachtet habt, sowie um sich nach Euerem Wohlergehen zu erkundigen, ist dieses Unser Kaiserliches Schreiben erlassen und durch Eueren erwähnten Bevollmächtigten übersandt worden.

Bei Ankunft desselben sei kund: Es steht ein für allemal fest, daß nach altem Herkommen Unseres erhabenen Sultanats denjenigen die Zeichen Unserer Huld erwiesen werden sollen, die nach Freundschaft mit Unserem Hohen, ewiglich bestehenden Reiche streben.

Das Heil sei auf denen, die der rechten Leitung folgen.

Gegeben in der Residenz [1],
dem Sitz des erhabenen Sultanats,
dem wohlbeschützten und wohlbehüteten
Konstantinopel.

3.

Rep. XI. 275 Türkei, fasc. 4.

Schreiben des Sultans Muṣṭafā III. an König Friedrich II.

Größe: 174,5×81,3 cm. (Vgl. S. 61).

Ṭughrā.

(Muṣṭafā ben Aḥmed Chān, der stets Siegreiche).

Ich [2], der ich durch die gnadenströmende, unendliche Güte Gottes, des Herrn über Menschen und Djinnen, des Königs der Könige und Schutzes der Gotteinheit in den Ländern des Möglichen /: Seine Majestät ist erhaben über zeitliche Grenzen :/, und durch die Segnungen des Lichtstrahls der die Welt erleuchtenden, sonnenhellen Wunder, des Führers der Vorhut aller Sendung, des edlen Ritters auf dem Felde der Prophetie, des Sultans der Propheten und Herrn der Heiligen, Muhammeds, des Auserwählten /: der Segen und das Heil Gottes sei auf ihm, seinem Hause und seinen Genossen :/,

der Diener und Herrscher bin über die Ruhmesstandarte der Länder und Gegenden, den Scheitel des Adels der Reiche und Städte, nämlich über die Qybla der Moscheen der Welt und den Miḥrāb, nach dem die Menschenkinder ihr Antlitz wenden: das geheiligte Mekka und das erleuchtete Medina, den geweihten Bezirk der Aqṣā-Moschee und das gesegnete Jerusalem,

---

[1] Wegen des Datums vgl. oben S. 13.

[2] Wegen der formelhaften Wendung »Ich, der ich . . . bin (بن كه . . . يم)« vgl. Fekete, a. a. O., S. 13 Anm. 3.

der Kaiser /: der Hort der Gerechtigkeit :/ und der siegreiche Schāhinschāh über die drei verehrungswürdigen Städte, die die Herzen der Sultane der Welt mit Neid erregen, nämlich Islambul, Adrianopel und Brussa, sowie über das paradiesische Damaskus[1], über Kairo[2] /: die Rarität ohnegleichen des Jahrhunderts :/, das gesamte Arabien, Nordafrika, Barqa, Qairuan, das graue Aleppo, arabischen und persischen Iraq, Basra, Lahsa, Deilem, Raqqa, Mosul, Schehrizor, Dijarbekr, Zulqadrīje, das Wilajet Erzerum, Siwas, Adana, Qaraman, Wan, Marokko, Abessinien, Tunis, das syrische Tripolis, Cypern, Rhodos, Kreta, Morea, Weißes[3] und schwarzes Meer, Anatolien mit seinen Inseln und Küsten, die Landschaft Rumili[4], und insonderheit Baghdad /: den Sitz des Heils :/, das gesamte Kurdistan, Rum, Turk und Tataristan, die Tscherkessen, Qabartaja, Georgien, Descht-i Qyptschak[5], das in jener Gegend liegende, zu den tatarischen Ländern gehörige ganze Saghynaq, das Wilajet Kaffa und alle dort ansässigen Stämme[6], ganz Bosnien mit seinen Dependenzen, die Festung Belgrad /: den Sitz des Heiligen Krieges :/, die Herrschaft Serbien und die dort belegenen Festungen und Burgen, das Land Albanien, die gesamte Walachei, die Moldau, die dort liegenden festen Plätze und Pässe, und viele nicht zu beschreibende Landschaften, Festungen und Großstädte,

der Sultan der Sultane, der Chaqan der Chaqane, der Sultan Muṣṭafā Chān, der Sohn des Sultan Ghāzī Ahmed Chān und Enkel des Sultan Mehmed Schāh.

Von seiten Meiner Kaiserlichen Majestät an den Ruhm der mächtigen Fürsten, die an Jesum glauben, den Auserwählten der erlauchten christlichen Großen, den Schlichter der Angelegenheiten der Staaten der Christenheit, der die Schleppe der Pracht und der Würde nach sich zieht, den Träger

---

[1] Es ist Damaskus und nicht Syrien gemeint. Vgl. Fekete, a. a. O., S. 14 Anm. 8. Damaskus wird unter den Titeln der Sultane seit Suleiman II. aufgeführt (vgl. Hammer, 1. Aufl. Bd. III, S. 153; er übersetzt »Damaskus, das wie Eden prächtige«). — Wegen der näheren Beschreibung der folgenden Länder, Städte usw. vgl. Fekete, a. a. O., in seinen Anmerkungen zur Urkunde [6], S. 12ff.

[2] Nicht Ägypten, wie Fekete glaubt (a. a. O., S. 14 Anm. 9). — Hammer, 1. Aufl., Bd. III, S. 153 übersetzt مصر نادرة العصر mit »Kairo das mächtige«, aber wohl wegen des Reimes.

[3] Vgl. hierzu Enzykl. d. Islam, I. 236 und die entsprechende Notiz bei Fekete, a. a. O., S. 13 Anm. 5.

[4] D. s. die europäischen Gebiete des Osmanischen Reiches.

[5] Das alte Reich der Kyptschak-Türken, die in den Gebieten nördlich und nordöstlich des Schwarzen Meeres, etwa zwischen Ural, Wolga, Don u. Djnepr ansässig waren. Vgl. Hammer, 1. Aufl., Bd. II, S. 140 »Kipdschak, d. i. . . . die Steppen zwischen kaspischem und pontischem Meere . . .«; Lehtsche-i osmānī 1. Aufl., Bd. I, S. 900 s. v. قبچاق; ferner die Ausführungen von Ahmed Refīq in: Tārīch-i osmānī endjümeni medschmu'asy (TOEM), 8. Jg., S. 1ff. u. Fekete, a. a. O., S. 14 Anm. 20.

[6] Pers. plur. v. اویماق, das »Stamm« bedeutet. Vgl. Tārīch-i Ṣubhī, p. 70 v (a. 1148 H.) . . . تاتار اویماقلرندن; ferner Tārīch-i Djewdet, Bd. XII, S. 4, der das Wort von einem kurdischen Stamm gebraucht. Wahrscheinlich ist es mongolischen Ursprungs.

der Zeichen von Hoheit und Ansehen, den regierenden Preußenkönig und Markgrafen von Brandenburg, Erzkämmerer des Römischen Kaiserreiches, Kurfürsten und Fürsten, Obersten Herzog von Schlesien und Herrscher über andere Territorien, Seine Majestät, den mächtigen Friedrich /: möge sein Ende glücklich und rechtgeleitet sein, und möge ihm der Weg der rechten Handlungsweise und der Richtigkeit geschenkt werden :/.

Bei Ankunft unseres erhabenen Kaiserlichen Handzeichens sei kund:

Es ist aller Welt bekannt, daß es von alters her zu den edelmütigen Charaktereigenschaften und schönen, steten, kaiserlichen Gepflogenheiten gehört, die von Unseren ruhmreichen, mächtigen Ahnen /: deren Gräber Gott, der Erhabene, erleuchten möge :/, überkommen und ererbt sind, den Königen löblichen Wandels, die dem erhabenen, auf festen Pfeilern ruhenden Osmanischen Reich und dem hochgebauten, weltbeherrschenden Sultanat /: der Zuflucht der mächtigen Sultane und dem Hort der edlen Chaqane /: aufrichtige Gesinnung sowie gebührende Freundschaft und Ergebenheit bezeugen, alle kaiserliche Güte und Huld zu gewähren, und sie des verschiedenartigen Beistandes und königlichen Gnadenerweises reichlich teilhaftig werden zu lassen. Euer schon früher im Sinne ernsthaften Begehrs nach Anknüpfung engerer Beziehungen aufrichtig und deutlich erwiesener Wunsch und Eifer haben selbstverständlich zur Folge gehabt, daß Eueren Hoffnungen und Euerer Absicht willfahrt worden ist, und daher auch Euerem Ansuchen auf Herstellung freundschaftlicher Vereinbarung und auf Ausbau der Fundamente engerer Freundschaftsbindungen zwischen uns, übereinstimmend mit Euerem Wunsch, durch festen Abschluß[1] entsprochen worden ist. Der Inhalt Eueres aufrichtig freundschaftlichen Schreibens, das Ihr vordem, um dem Zeremoniell der Danksagung nachzukommen[2], durch Vermittlung des mit dem Range eines außerordentlichen Gesandten, gegenwärtig an Unserer glückverheißenden Residenz sich aufhaltenden von Rexin, dem Muster der Großen christlicher Nation aus dem Kreise Euerer Räte /: sein Ende sei glücklich :/, übersandt habt, und das inhaltlich die Prinzipien der Befriedung und Freundschaft bestätigt, hat reiche Befriedigung hervorgerufen. Auch die Gaben und Geschenke sind eingetroffen[3] und haben Unsere Kaiserliche Zustimmung gefunden[4]. Die auf solche Weise

---

[1] Durch die Kapitulation vom 27. 7. 1761 (2. 4. 1761).

[2] Gemeint ist wohl das in der Audienz vom 9. 3. 1762 zugleich mit den Geschenken überreichte Handschreiben Friedrichs II. (Konzept im Geh. St. Arch, Rep. XI 275 d. Türkei, fasc. 19). Unmöglich ist es allerdings auch nicht, daß hier das Dankschreiben des Königs vom 1. 6. 1761 gemeint ist, das bei Aushändigung der Kapitulationsurkunde in der Audienz vom 27. 7. 1761 von Rexin überreicht worden ist.

[3] Die durch den Holländer Delon nach Konstantinopel gebracht werden sollten (vgl. Porsch, a. a. O., S. 60f). Er traf Ende Januar 1762 am Goldenen Horn ein, die Geschenke aber erst Ende März. Um keine Zeit zu verlieren, hat Delon dann in Konstantinopel für den Sultan die nötigen Geschenke beschafft (ebenda S. 68f.).

[4] Die Geschenke waren, wie üblich, von dem Sultan gefordert worden, und von diesen hing auch wesentlich seine weitere Haltung ab. Vgl. den folgenden Satz und hierzu Porsch, a. a. O., S. 58.

Unserer Kaiserlichen Majestät gegenüber bezeugte aufrichtige Freundschaft und Euere vortrefflichen Wünsche haben dazu beigetragen, die Anlässe zur Befriedigung sowie den Beweggrund der Zuneigung und Bindung stark zu vermehren. Um nun die Grundlage des Gebäudes der Anfreundung zu festigen, und die aus Unserer Kaiserlichen Schatzkammer besonders für Euch zusammengestellten auserlesenen schönen Kaiserlichen Geschenke zu überbringen sowie sich nach Euerem Wohlergehen zu erkundigen, ist aus den Beamten unseres Kaiserlichen Diwans der frühere Rechnungsdirektor von Anatolien, dessen Ansehen durch den Grad und die Würde eines Nischāndji [1] in Unserem erhabenen Reiche gehoben und erhöht, und dessen öffentliche Achtung und Hochschätzung durch den Rang eines außerordentlichen Gesandten geehrt und gesteigert wurde, der vertrauenswürdige, durch Geschicklichkeit, Rechtschaffenheit und Bildung ausgezeichnete Resmī el Hādsch Ahmed, der Stolz der Vornehmen und Edlen /: sein Ruhm möge dauern :/ beauftragt und bestimmt worden. Auf Grund dessen ist dieses, Unser Kaiserliches, mit dem allerhöchsten Namenszuge versehene Schreiben ausgefertigt und durch den Genannten übersandt worden.

Bei seiner Ankunft wollt Ihr, entsprechend der von Euch bezeugten aufrichtigen Freundschaft, den mit der Überbringung Unserer Kaiserlichen Geschenke Beauftragten mit freundlichen Augen anschauen und ihn wohlwollend empfangen, dann aber ihm Euere Genehmigung und Erlaubnis erteilen, zur Rückkehr die Zügel schießen zu lassen. In Zukunft jedoch, solange Gott, der Erhabene, will, und solange von Euch der aufrichtige und feste Vorsatz und die innige Neigung oder der Wunsch dazu bestehen, daß von Tag zu Tag die Aufrichtigkeit und Zuneigung, Ergebenheit und Freundschaft zunehme, die von Unserer Kaiserlichen Majestät erwartet und erhofft wird, wird von Unserer Majestät, deren Tugenden erhaben sind, ebenfalls ernstlich Sorge getragen werden, diese zu mehren und zu festigen, damit das Band der Beständigkeit nicht unterbrochen, sondern diese Beständigkeit dauernd gestärkt werde. Das sei Euch hiermit kund.

Das Heil sei auf denen, die der Rechtleitung folgen.

Geschrieben in den ersten Tagen des heiligen Muharrem im Jahre 1177 [2].

Gegeben in der Residenz,
dem Sitz des hohen Sultanats,
dem wohlbeschützten
und wohlbehüteten
Islambul.

---

[1] Der Staatssekretär für den Namenszug (Ṭughrā) des Sultans.

[2] D. i. 12.—21. Juli 1763. — Das Schreiben muß jedoch schon am 12., spätestens am 13. abgefaßt worden sein, da der Gesandte bereits am 13. (spätestens am 14.) Juli Konstantinopel verlassen hat (vgl. S. 16 Anm. 3).

Grade an Unserer glückseligen Schwelle erteilt worden. Nun erfordern es alter Brauch der Hohen Pforte und stetes Herkommen Unseres erlauchten Sultanats[1], die auf Zuneigung zielende Antwort auf das freundschaftliche Schreiben[2], das durch den erwähnten Gesandten übermittelt worden ist, gleichfalls durch diesen Gesandten an Euch gelangen zu lassen. Daher ist zur Festigung der Grundlagen der Freundschaft und der freundschaftlichen Beziehungen sowie zur Stärkung des Gebäudes der Eintracht und der lauteren Annäherung dieses, Unser großherrliches Schreiben als Antwort auf das Freundschaftsschreiben abgefaßt und diktiert und wie üblich dem genannten Gesandten ausgehändigt, übergeben und nach dort übersandt worden.

Bei Ankunft möge kund sein: Solange Ihr bestrebt sein werdet, die Bestimmungen Unserer Kaiserlichen Kapitulation so, wie es die von neuem festgelegten Beziehungen der Freundschaft und die Bande der gegenseitigen Aufrichtigkeit und Annäherung erfordern, zu beachten und zu befolgen, werden auch von seiten Unseres erhabenen Sultanats die Regeln der aufrechten Freundschaft beobachtet, und es wird darnach gestrebt werden, in jedem Falle die Kaufleute und Untertanen zu schützen und zu behüten sowie besonders für ihre Sicherheit und Wohlfahrt zu sorgen. Ferner werden die Vorbedingungen freundschaftlicher Beziehungen in jeder Hinsicht beachtet, und für die Aufrechterhaltung der zwischen Uns festgeknüpften Bande andauernder Freundschaft wird ebenfalls in jeder Weise Sorge getragen werden.

Das Heil sei auf denen, die der rechten Leitung folgen.

Geschrieben in den letzten Tagen des heiligen Monats Muharrem im Jahre 1177[3].

Gegeben in der Residenz,
dem Sitz des Hohen Sultanats,
dem wohlbeschützten
und wohlbehüteten
Islambul.

5.

Rep. XI 275 Türkei, fasc. 6.

Schreiben des Sultans Musṭafā III. an König Friedrich II.

Größe: 187 × 87 cm. (Vgl. S. 67)

Ṭughrā.

(Musṭafā ben Ahmed Chān, der stets Siegreiche).

Ich, der ich durch die hohe, unendliche Güte des Überfluß spendenden, welterschaffenden Gottes, der frei ist von dem Vorwurf der »Mensch-«

[1] Es handelt sich also bei dem vorliegenden Schreiben nur um die Erfüllung einer diplomatischen Formalität. Auf die Geschenke und das Dankschreiben des Königs war in dem Kreditive für Resmī Ahmed bereits Bezug genommen; die Form verlangte jedoch noch ein besonderes Antwortschreiben an den König, das durch den preußischen Gesandten zu übermitteln war.

[2] Es kann nur das Schreiben gemeint sein, das Rexin in der Audienz am 9. 3. 1762 zusammen mit seinem Kreditive überreicht hatte.

[3] 1. bis 10. August 1763.

und »Einswerdung«[1], und durch die Erhabenheit der segensreichen Wunder des Herrn der Propheten und Rückhaltes der Heiligen, Muhammeds, des Auserwählten, /: über ihm, seinem Hause und seinen Genossen sei das vortrefflichste Gebet und Heil :/,

der Diener und Herr bin über die heiligsten Länder und Orte, und über die glücklichsten Provinzialhauptstädte und Städte, die Qybla der Moscheen der Welt und den Miḥrāb, nach dem die Menschenkinder ihr Antlitz wenden: das heilige Mekka und das erleuchtete Medina, den geweihten Bezirk der Aqṣā-Moschee und das gesegnete Jerusalem,

der hochgerechte Padischāh und siegreiche Schāhinschāh über die drei mächtigen Städte, die in den Herzen der Sultane der Welt Neid erregen, nämlich Islambul, Adrianopel und Brussa, sowie über das paradiesische Damaskus, über Kairo /: die Rarität ohnegleichen des Jahrhunderts :/, das ganze Arabien, Nordafrika, Barqa, Qairuan, das graue Aleppo, arabischen und persischen Iraq. Basra, Lahsa, Deilem, Raqqa, Mosul, Schehrizor, Dijarbekr, Zulqadrīje, das Wilajet Erzerum, Siwas, Adana, Qaraman, Wan, Marokko, Abessinien, Tunis, das syrische Tripolis, Cypern, Rhodos, Kreta, Morea, Weisses und Schwarzes Meer, das Land Anatolien mit seinen Inseln und Küsten, die Gebiete von Rumili und insbesondere Baghdad /: den Sitz des Heils :/, das gesamte Kurdistan, Rum, Turk und Tataristan, die Tscherkessen, Qabartaja, Georgien, Descht-i Qyptschak und das in jener Gegend liegende, zu den tatarischen Ländern gehörige ganze Saghynaq, das Wilajet Kaffa und alle dort ansässigen Stämme, das ganze Bosnien mit seinen Dependenzen, die Festung Belgrad /: den Sitz des Heiligen Krieges :/, die Herrschaft Serbien sowie die dort liegenden Festungen und Burgen, das Land Albanien, die gesamte Walachei, die Moldau, die in deren Umgegend befindlichen festen Grenzplätze und Pässe, und noch viele nicht zu beschreibende Landschaften, Festungen und Städte,

der Sultan der Sultane, der Chaqan der Chaqane, Sultan Muṣṭafā Chān, Sohn des Sultans Ghāzī Ahmed Chān und Enkel des Mehmed Schāh.

Von Seiten Unserer Kaiserlichen mit dem Chalifat verbundenen Majestät an den Ruhm der mächtigen Fürsten, die an Jesum glauben, den Auserwählten der erlauchten, christlichen Großen, den Schlichter der Angelegenheiten der Staaten der Christenheit, der die Schleppe der Pracht und der Würde nach sich zieht, den Träger der Zeichen von Ruhm nnd Ansehen, den regierenden Preußenkönig und Markgrafen von Brandenburg, Erzkämmerer des Römischen Kaiserreiches, Kurfürsten und Fürsten, Obersten Herzog von Schlesien und Herrscher über andere Territorien, Seine Majestät den mächtigen Friedrich /: sein Ende sei glücklich und rechtgeleitet, ihm gebe [Gott] den Weg der rechten Handlungsweise und der Richtigkeit ein :/.

[1] Vgl. Massignon, La Passion d'Al-Hallaj, II S. 794 u. Enzykl. des Islam, II S. 354. — Beide Ausdrücke حلول و اتحاد sind antichristlich zu verstehen. Sie entstanden aus der Polemik gegen ketzerische Ansichten innerhalb des Islam, denen man vorwarf, daß sie christliche Gedankengänge zum Vorbild hätten. Vgl. neuerdings auch Schaeder, Der Orient und das griechische Erbe, in »Die Antike« IV (1928) S. 259.

Bei Ankunft Unseres Kaiserlichen Handzeichens sei kund:

Der Major Euerer Leibgarde, der in seinem Auftreten bewährte und Euerer Gunst teilhaftige Johann Christoph Zegelin[1], das Muster der Großen christlicher Religion /:sein Ende möge glücklich sein:/, der, entsprechend Euerer großen aufrichtigen Freundschaft zu Unserer festgebauten, auf unerschütterlichen Pfeilern ruhenden Residenz, dem Hort der mächtigen Sultane und der Zuflucht der edlen Chaqane, geschickt und entsandt worden ist, um ständig an Unserer Hohen Pforte zu residieren, und der im Range eines außerordentlichen Gesandten steht, ist an meiner Hohen Pforte angekommen.

Das von ihm überbrachte Schreiben aufrichtiger Freundschaft sowie Euere auserlesenen Geschenke sind nach altem Brauch Unseres erhabenen Sultanats von dem Ersten Minister, dem sehr ruhmreichen Ratgeber, der Ordnung der Welt, dem Ordner der Ordnungen der Völker, dem verstandesscharfen Leiter der Geschäfte des Staates, der die wichtigen Angelegenheiten der Menschheit durch ein treffendes Urteil zu gutem Ende führt, der das Gebäude der Macht und des Wohlstandes gründet, die Stützen des Glückes und des Ruhmes festigt, der die Rangordnung in dem größten Chalifate festsetzt und die Ehre des mächtigsten Sultanats vollkommen macht, der umgeben ist mit allen Arten von Gnade des allerhöchsten Herrschers, dem Großwesir löblichen Charakters, Meinem bevollmächtigten, treuen Stellvertreter, Mohammed Pascha[2] /:Gott verleihe seinem Ruhm Dauer, befestige und vervielfältige seine Macht und sein Glück:/, an dem Fuße Meines machtvollen Kaiserlichen Thrones unterbreitet und vorgetragen worden. Inhaltlich der Übersetzung Eueres von aufrichtiger Freundschaftsbezeugung überfließenden Schreibens wird um Unsere Kaiserliche Genehmigung gebeten zu den Angelegenheiten und Geschäften, die der genannte Gesandte auftragsgemäß angewiesen worden ist, in Euerem Namen vorzutragen und zu erläutern, lediglich zu dem Zwecke, um Euere tiefe, von aufrichtiger Freundschaft erfüllte Liebe zu Unserer Kaiserlichen Majestät zu erneuern, den Geist aufrichtiger Ergebenheit zu bestätigen sowie die für beide Staaten so nützlichen Erfordernisse aufrichtiger Freundschaft zu vermehren und zu festigen. Euerem Ansuchen entsprechend ist Unsere Kaiserliche Genehmigung und Zustimmung dazu gegeben worden, daß der erwähnte Gesandte mit dem bezeichneten Grade sich an Unserer hohen Residenz aufhalten und dort seinen Wohnsitz nehmen darf. Nachdem von Rexin /:sein Ende sei glücklich:/, der das Muster der Großen christlicher Nation ist, und der bisher an Unserer hohen Pforte residiert, seine Botschaft mit vollkommenem Takt und Anstand ausgeübt sowie die erforderlichen Beziehungen gegenseitiger Freundschaft zu Ende geführt und zur Ausführung gebracht hat, ermächtigt worden ist, zu Euch zurückzukehren, ist dieses Unser machtvolles Kaiserliches Schreiben huldvollst ausgefertigt worden, um durch ihn übersandt zu werden.

---

[1] Zegelin war am 20. 4. 1764, dem Tage der Abschiedsaudienz Resmī Ahmeds beim König in Berlin, zum preußischen Gesandten bei der Pforte ernannt worden (vgl. Zinkeisen, Bd. V S. 899).

[2] Vgl. unten S. 69 Anm. 1.

Bei der Ankunft soll kund sein:

Solange Ihr die Bestimmungen Unserer Kaiserlichen Kapitulation so, wie es die friedlichen Beziehungen der angeknüpften Freundschaft und die Bande des aufrichtigen Einvernehmens verlangen, mit Fleiß beachtet und beobachtet, werden auch von seiten Unseres hohen Sultanats die Prinzipien der Freundschaft und Eintracht gewahrt und im besonderen wegen des Schutzes und der Beschützung, der Sicherung und Betreuung der Kaufleute und Reisenden in jedem Falle und mit Eifer Sorge getragen werden. Es wird in jeder Weise darauf gesehen werden, die beiderseitige Freundschaft, die zwischen den Staaten befestigt worden ist, zu bewahren.

Das Heil sei auf denen, die der rechten Leitung folgen.

Geschrieben in den ersten Tagen des heiligen Zil-hidjje im Jahre 1179[1].

Gegeben in der Residenz,
dem Sitz des Hohen Sultanats,
dem wohlbeschützten
und wohlbehüteten
Islambul.

6.

Rep. XI 275 Türkei, fasc. 6.

Schreiben des Sultans ʿAbd ül-Hamīd Chān an König Friedrich II.

Größe: 170,5×79 cm. (Vgl. S. 70.)

Ṭughrā.

(ʿAbd ül-Hamīd ben Ahmed Chān, der stets Siegreiche).

Ich, der ich durch die hohe unendliche Güte des Überfluß spendenden, welterschaffenden Gottes, der frei ist von dem Vorwurf der »Mensch-« und »Einswerdung« [2], und durch die Erhabenheit der segensreichen Wunder des Herrn der Propheten und Rückhaltes der Heiligen, Muhammeds, des Auserwählten, /: über ihm, seinem Hause und seinen Genossen sei das vortrefflichste Gebet und Heil :/,

Diener und Herr bin über die heiligsten Länder und Orte, die gesegnetsten Provinzialhauptstädte und Städte, die Qybla der ganzen Welt und den Miḥrāb, nach dem die Menschenkinder ihr Antlitz wenden: das geheiligte Mekka, das erleuchtete Medina und das gesegnete Jerusalem,

der hochgerechte Padischāh und siegreiche Schāhinschāh über die drei verehrungswürdigen Städte, die das Sehnsuchtsziel der Könige bilden, nämlich Islambul, Adrianopel und Brussa, sowie über das paradiesische Damaskus, über Kairo /: die Rarität ohnegleichen des Jahrhunderts :/, das gesamte Arabien, Afrika, Barqa, Qairuan, das graue Aleppo, arabischen und persischen Iraq, Basra, Lahsa, Deilem, Raqqa, Mosul, Schehrizor, Dijarbekr, Zulqadrije, das Wilajet Erzerum, Siwas, Adana, Qaraman, Wan, Marokko, Abessinien, Tunis, das syrische Tripolis, Cypern, Rhodos, Kreta, Morea, Weißes und Schwarzes Meer, das Land Anatolien mit seinen Inseln und Küsten, die Gebiete von Rumili, und insonderheit Baghdād /: den Sitz des Heils :/, das gesamte Kurdistan, Rum, Turk und Tataristan, die Tscher-

---

[1] 11.—20. 5. 1766. [2] Vgl. oben S. 37, Anm. 1.

kessen, Qabartaja, Georgien, Descht-i Qyptschaq, das in jener Gegend liegende, zu den tartarischen Ländern gehörige Saghynaq, das Wilajet Kaffa und sämtliche umliegenden Stämme, ganz Bosnien mit seinen Dependenzen, die Festung Belgrad /: den Sitz des Heiligen Krieges :/, die Herrschaft Serbien und die dort belegenen Festungen und Burgen, das Land Albanien und die ganze Walachei, die Moldau sowie die umliegenden festen Grenzplätze und Pässe und viele andere, nicht zu beschreibende Landschaften und Städte,

der Sultan der Sultane, der Chaqan der Chaqane, Sultan ʿAbd ül-Hamīd Chān, der Sohn des Sultans Ghāzī Ahmed Chān und Enkel des Sultans Mehmed Schāh.

Von Seiten Meiner Kaiserlichen Majestät an den Ruhm der mächtigen Fürsten, die an Jesum glauben, den Auserwählten der erlauchten christlichen Großen, den Schlichter der Angelegenheiten der christlichen Staaten, der die Schleppe der Pracht und Würde nach sich zieht, den Träger der Zeichen von Ruhm und Ansehen, den regierenden Preußenkönig und Markgrafen von Brandenburg, Erzkämmerer des Römischen Kaiserreiches, Kurfürsten und Fürsten, Obersten Herzog von Schlesien und Herrscher über andere Territorien, Seine Majestät, den mächtigen Friedrich /: Gott gestalte sein Ende glücklich und rechtgeleitet, gebe ihm den Weg der rechten Handlungsweise und Richtigkeit ein :/.

Bei Ankunft des erhabenen Kaiserlichen Handzeichens sei Euch kund:

Mein erlauchter Bruder, der bisherige Herrscher, Sultan Muṣṭafā Chān /: Gott erbarme sich seiner und vergebe ihm seine Sünden :/, ist in dieser Zeit[1] in den Palast des Rosengartens der Ewigkeit eingegangen und in die ewigen Gefilde des Jenseits übergesiedelt. Durch die vollkommenen und unendlichen Wohltaten Gottes, des Herrn über alle Güter der sichtbaren und der unsichtbaren Welt, der geheiligt ist vor der Unvollkommenheit des Entstandenseins und menschlichen Wesens, sowie durch die Hilfe der segensvollen Wunder der Sonne beider Welten, des Sultans auf dem Throne der Gottessendung und Padischāhs über die Regionen der Prophetie, des Ruhmes der Propheten, des Rückhaltes der Heiligen, des Freundes Gottes und Fürsprechers am Tage der Vergeltung, Muhammeds, des Auserwählten /: über ihm seien die lautersten der reichen Segenswünsche und die reichsten der fürnehmsten Grüße :/, ist daher der majestätische Thron des weltbeherrschenden Chalifats und die machtvolle Herrschaft des weltgebietenden Sultanats auf Grund rechtlicher Erbfolge Unserer durch Gerechtigkeit ausgezeichneten Majestät beschieden worden. Am gesegneten Freitage, dem achten Tage des heiligen Monats Zil-qaʿde in diesem Jahre 1187[2] ist Unsere glückverheißende Kaiserliche Einsetzung auf den glücklichen, mächtigen osmanischen, mit der Decke der Gerechtigkeit bedeckten Thron vollzogen worden. In all Unseren wohlbehüteten Landen sind von den hochgeehrten Minbars[3] der in heiligem Lichte erstrahlenden Moscheen, die der Sammel-

---

[1] 3. Schawwal 1187 = 24. 12. 1773. [2] D. i. 21. Januar 1774.

[3] Über Herkunft und Bedeutung der Kanzel für den islamischen Kult vgl. C. H. Becker, Die Kanzel im Kultus des alten Islam, in: Islamstudien I, S. 450 ff.

punkt der Gläubigen und der Anbetungsort der Muslime sind, die öffentlichen Freitagsgebete in Meinem hohen, erlauchten Namen gesprochen worden. In den Orten mit Münzstätten unzähligen Geldes sind Dinare und Drachmenmünzen mit Unserem glückbringenden Namenszuge geprägt worden. In Unseren sämtlichen Ländern, deren Wege weit sind, werden Unsere erhabenen, zur Übung von Recht und Gerechtigkeit verpflichtenden Anweisungen befolgt, und durch die Strahlen des Glanzes der Sonne Unserer Gerechtigkeit[1] hat die Finsternis der Ungerechtigkeit und des Unrechts ganz aufgehört.

Da es altem Brauch Unserer mit dem Gewande der Ehre umgebenen Vorfahren entspricht, den Königen löblichen Wandels, die mit Unserem erhabenen Reiche in friedlichen und freundschaftlichen Beziehungen stehen und mit ihm Abmachungen über Eintracht und Freundschaft getroffen haben, Unsere mit Gottes, des Gebers, Hilfe erfolgte gnadenerwerbende Kaiserliche Thronbesteigung anzuzeigen und zu notifizieren, und um diesem schönen Brauch folgend, die frohe Botschaft Unserer freudvollen Thronbesteigung zu künden und anzuzeigen, so ist dieses, Unser huldvolles Kaiserliches Schreiben ausgefertigt und durch Vermittlung Eueres in Unserer glückgleichenden Residenz wohnenden Gesandten Zegelin, des Musters der Großen christlicher Nation, dessen Ende glücklich sei, übersandt worden.

Entsprechend der mit Unserem erhabenen Kaiserlichen Geschlecht und mit Unserem starken Herrscherhause festbegründeten, dauerhaften, befestigten und sicheren Freundschaftsverträge und Abmachungen werdet Ihr bei der Ankunft über Unsere stattgehabte Kaiserliche Thronbesteigung eine der Freundschaft würdige, grenzenlose Freude bezeugen und den in Euerem Herrschaftsbereich befindlichen Statthaltern sowie den Notabeln Euerer Länder davon Mitteilung machen. Während Unserer glückseligen Regierungszeit werden auch die zwischen den beiden Mächten abgeschlossenen und festgesetzten Verträge und Abmachungen sowie die durch Eid und Schwur bekräftigten Urkunden in gleicher Weise, wie bisher, bestätigt und in Anwendung gebracht werden. Solange nicht von Euch in der Befolgung der Erfolg nach sich ziehenden Prinzipien des Friedens und der Eintracht ein Abbruch geschieht, wird auch von seiten Meiner Kaiserlichen Majestät in keiner Weise irgendein Verstoß dagegen zugelassen werden. Es unterliegt keinem Zweifel, daß die Aufrechterhaltung der zuverlässigen und befestigten guten Beziehungen aufrichtiger Freundschaft, wie es Rechtens ist, die Ruhe der beiderseitigen Untertanen zur Folge hat und die Wohlfahrt der Bewohner beider Länder bedingt.

Das Heil sei auf denen, die der rechten Leitung folgen.

Geschrieben am 17. Tage des ḥeiligen Monats Zil-qaʿde im Jahre 1187[2].

Gegeben im Winterlager zu
Schumna[3].

---

[1] عدل وداد = Gerechtigkeit, vgl. Bianchi-Kieffer, Bd. I s. v. عدل.

[2] 30. Januar 1774.

[3] Auch Schumla, das heutige Sumen in Bulgarien; es ist noch jetzt eine größere, wichtige Festung (etwa 80 km westlich von Varna).

Übersetzung des türkischen Textes der Kapitulation vom Jahre 1761[1].

Der Grund der Niederschrift dieser Urkunde und der Anlaß für die Ausführlichkeit dieses Schreibens ist folgender:

Es erübrigt sich eine Auseinandersetzung darüber, daß es dem edlen Charakter der gerechten Sultane und dem steten Gebrauch des mächtigen ewigen Sultanats entspricht, denjenigen die Pforten der Freundschaft zu öffnen und das Gewand[2] der Annäherung und Verständigung zu bereiten, die Neigung und Verlangen bezeugen, den Grund zu engen Beziehungen mit dem Hohen Osmanischen Reiche und dem Großherrlichen Sultanat zu legen.

Der Ruhm der mächtigen Fürsten, die an Jesum glauben, der Auserwählte unter den erlauchten christlichen Großen, der Schlichter der Angelegenheiten der Staaten der Christenheit, der regierende Preußenkönig, Markgraf von Brandenburg und Kämmerer[3] des Römischen Kaiserreiches, der Kurfürst und Fürst, Oberste Herzog von Schlesien und Herrscher über andere Territorien, seine Majestät, der mächtige Friedrich /: Gott gestalte sein Ende glücklich und rechtgeleitet :/ hat nun, von dem Wunsche beseelt, mit der langwährenden Hohen Pforte den Weg herzlicher Freundschaft zu beschreiten, von seiner Seite aus dem Kreise seiner angesehenen Edelleute den Geheimrat und Ratgeber, das Muster der Vornehmen christlicher Religion, Karl Adolf Rexin /: sein Ende sei glücklich :/ an die Hohe Pforte, den Sitz des Chalifats, den Standort osmanischer Ehre und Erhabenheit, entsandt, um erneut[4] den Wunsch und das Verlangen nach der erforderlichen Festigung gütlicher Vereinbarung zu bekunden sowie über einen Freundschaftsvertrag zu verhandeln und abzuschließen. Er hat dem Genannten eine gesiegelte und beglaubigte Vollmacht erteilt und ihn mit einem Schreiben an den glücklichen, großherrlichen Hof und einem anderen Schreiben an uns beauftragt und entsandt. Auf sein Ansuchen und seine Bitte, die gewünschte Angelegenheit in mündlicher Verhandlung zu gedeihlichem Ende und Ergebnis zu führen, ist sein übersandtes freundschaftliches Schreiben mit den angeführten Wünschen und Begehren, gemäß altem Brauche des prächtigen und festgefügten Sultanats und kraft unserer unbeschränkten Vollmacht, an dem Fuße des höchsten Thrones und der mächtigen, großherrlichen Residenz seiner Majestät, meines sehr mächtigen, gewaltigen, erlauchten, erhabenen, majestätischen und prächtigen Wohltäters und Großherrn, des Sultans der Sultane, des Chaqans der Chaqane, des Sultans Muṣṭafā Chān, des Sohnes des Sultans Ahmed Chān und Enkels des Sultans Mehmed Chān /: Gott stärke ihm seine Siege und verlängere und befestige seine Jahre und Zeiten :/, des Sultans der Sultane des Islam,

[1] Vgl. die Ausführungen oben S. 13 u. Anm. 7; Text S. 73.

[2] Vielleicht eine Anspielung auf den Brauch der Pforte, Ehrengewänder zu verleihen. Vgl. hierzu Babinger, a. a. O., S. 121, u. Demetrius Cantemir, Geschichte des Osmanischen Reiches (deutsche Ausgabe), Hamburg 1743, S. 236.

[3] In den übrigen Urkunden steht Erzkämmerer.

[4] Nämlich bei der zweiten Sendung im Jahre 1756.

des Wunderbeweises der Chaqane der Menschen, der den Chosroen des Zeitlaufes die Krone verleiht, des Zerstörers der Grundlage von Ungerechtigkeit und Bedrückung, der da ist der Schatten Gottes, des allgütigen Königs, des hochgerechten Padischāhs und Herrschers über ein Heer, unzählig wie die Sterne, des als Chalife regierenden Schāhinschāhs, des Dieners der beiden heiligen Stätten und Herrn über beide Erdteile und Meere, dessen Befehle und Vorschriften jetzt durch die Stärkung Gottes, des Königs und Schöpfers, im Osten und Westen der Horizonte, in den Gegenden des Südens und des Nordens Gehorsam erheischen und gelten, unterbreitet und vorgetragen worden. Huldvollst hat der Sultan genehmigt, daß die erwähnten Ansuchen [vertragsgemäß] geregelt werden, ähnlich wie die Freundschaftsverträge mit den anderen befreundeten Staaten, und soweit unbedenklich. In Verfolg unserer ordnungsmäßigen Vollmacht ist nach unserem Sinne und unserer Weisung, mit unserer Kenntnis und unter unserer Aufsicht Artikel für Artikel gemeinschaftlich beraten, bereinigt und geglättet worden. Mit Hilfe und durch die Güte des Allmächtigen sind sich beide Parteien über acht Artikel und eine Conclusion schlüssig geworden. Die von dem genannten Bevollmächtigten herkömmlicherweise[1] in italienischer Sprache abgefaßte und übergebene Punktation sowie die darnach gefertigte Übersetzung sind wiederum an dem Fuße des mächtigen Thrones Seiner Majestät, des Schattens Gottes, unterbreitet, vorgelegt, gebilligt und gut geheißen worden. Auf Grund unserer schriftlichen, uneingeschränkten Vollmacht und der vollen ordnungsmäßigen Ermächtigung haben wir dem genannten Edelmann die Annahme erklärt. Im folgenden werden die Artikel des ihm übergebenen Vertragsinstruments aufgeführt und näher erläutert[2].

Art. 1. Zwischen dem Durchlauchtigsten und Großmächtigsten König von Preußen und dem Hohen und Großmächtigsten Ottomanischen Kaiserreiche soll dauernder Friede und gegenseitige aufrichtige Freundschaft bestehen. Es soll den Untertanen und Bewohnern beider Reiche gestattet sein, ungehindert sowohl zu Wasser als zu Lande Handel zu treiben. Die preußischen Untertanen, welche unter der Flagge und mit einem Passe Seiner Majestät des Königs von Preußen reisen, sowie die Mannschaft ihrer Schiffe, welche mit Ladung und Waren nach Häfen, Stapelplätzen und Inseln der ottomanischen Provinzen kommt, sollen bei der Ankunft, während des Aufenthaltes und bei der Abfahrt nicht belästigt werden. Sollten ihre Schiffe durch Zufall einen Schaden erleiden, so soll es ihnen gestattet sein, sie auszubessern, auch sollen sie an dem Einkaufe der zu ihrem Unterhalte notwendigen Lebensmittel, Getränke und anderen Dinge

[1] Vgl. oben S. 18 Anm. 1.

[2] Der hier eingerückte Text der acht Artikel ist die amtliche deutsche Übersetzung aus der Reichstagsdrucksache (vgl. oben S. 19 Anm. 3). Wegen Unrichtigkeiten dieser Übersetzung vgl. die Ausführungen unter II des einleitenden Textes. Über die Unstimmigkeiten zwischen der offiziellen italienischen Fassung (Rexinsche Depesche) und der türkischen Punktation unterrichten die Anmerkungen zum italienischen Text.

für ihr eigenes Geld durch niemanden gehindert werden. In betreff des Kaufs und des Verkaufs aller derjenigen Güter und Waren, deren Handel nicht verboten ist, sollen sie, wie überhaupt die preußischen Kaufleute, derselben Behandlung unterworfen werden, welcher die Kaufleute der anderen befreundeten Mächte unterliegen. Die preußischen Schiffe, welche an den Festungen der Dardanellen oder in einem anderen Hafen oder Stapelplatz anlegen, sollen in derselben Weise wie die Schiffe der anderen befreundeten Mächte empfangen und nach Bezahlung der üblichen 300 Aspern für »glückliche Ankunft« durch keine anderen später etwa eingeführten Abgaben belästigt werden. Sollte ein preußisches Schiff in den Häfen und Stapelplätzen des Ottomanischen Reichs Schiffbruch leiden, so sollen die Gouverneure, Richter und Beamten des Ortes sich bemühen, es vor jeder Feindseligkeit zu schützen, und die aus dem Schiffbruche geretteten Güter, Waren und Kleider den nächsten preußischen Konsuln überweisen, damit sie ihrem Eigentümer [1] zurückgegeben werden können. Es soll hierfür nur der übliche Lohn [2] für diejenigen Personen gefordert werden dürfen, welche die Güter geborgen und an Ort und Stelle geschafft haben; sollten dabei Gegenstände geraubt worden sein, so sind zu ihrer Wiederauffindung und Rückerstattung alle möglichen Schritte zu tun [3].

Art. 2. Die preußischen Kaufleute und ihre Untergebenen sollen, wie die der anderen befreundeten Nationen, für die von ihnen angebrachten und ausgeladenen Güter und Waren nicht mehr zu zahlen haben als eine Zollabgabe von drei Prozent in kurrenter Münze, auch sollen die Zollaufseher den Preis dieser Gegenstände nicht über ihren Wert festsetzen; sollte man sich jedoch über den Preis nicht einigen können, so soll von den Waren selbst im Verhältnisse von drei zu hundert abgegeben werden. Von dem preußischen Gesandten soll für diejenigen Güter, Kleidungsstücke und Gegenstände, welche ihm persönlich gehören oder zu seinen Geschenken bestimmt sind, weder eine Zollabgabe noch eine Steuer erhoben werden. Diejenigen, welchen es nicht paßt, ihre Güter aus den preußischen Schiffen auszuladen, sollen dazu nicht gezwungen werden; sollten sie dieselben auf ihren Schiffen nach einem anderen Platze bringen wollen, so sollen sie daran nicht gehindert werden, auch soll nichts von ihnen verlangt werden. Wenn sie aber einen Teil ausladen und den Rest nach einem anderen Platze bringen, so sollen nur die ausgeladenen Gegenstände verzollt werden; und wenn Gegenstände nach Entrichtung der Zollabgabe nach einem anderen Hafen oder Stapelplatz des Ottomanischen Reichs geschafft werden, so soll die amtliche Zollquittung als gültig anerkannt werden, und es soll nicht zum zweiten Male die Zahlung des Zolles verlangt werden dürfen. Bezüglich aller übrigen den Zoll betreffenden Punkte sollen die Preußen nach denselben Grundsätzen behandelt werden wie die anderen befreundeten Mächte; auch soll

---

[1] Im türkischen u. italienischen Text Plural.

[2] Nach dem türkischen Text (S. 78) eigentlich: Außer dem üblichen Lohn für Arbeit und Transport soll nichts gefordert werden.

[3] Ungenau: so ist darnach zu forschen, und sofern sie aufgefunden werden sind sie zurückzugeben und auszuhändigen. (Vgl. türkischen Text S. 78.)

von den Preußen und deren Untergebenen die sogenannte Kassabieabgabe nicht gefordert werden.

Art. 3. Bei der Begegnung von Kriegsschiffen der beiden Mächte soll die Begrüßung in derselben Weise stattfinden wie bei der Begegnung mit Kriegsschiffen anderer Mächte. Begegnen jedoch preußische Handelsschiffe Kriegs- und Handelsschiffen des Ottomanischen Reichs, so sollen sie nach dem üblichen freundschaftlichen Salut in ihrer Fahrt nicht gehindert und es soll von ihnen nichts gefordert und nichts mit Gewalt weggenommen werden, auch dürfen die preußischen Fahrzeuge zum Transport von Truppen, Kanonen, Kriegsgerät und anderen ähnlichen Dingen nicht gezwungen werden.

Wenn Kaufleute der Hohen Pforte zum Transport ihrer Güter und Waren preußische Schiffe mieten, so ist in betreff der Fracht das den anderen Mächten gegenüber beobachtete Verfahren einzuhalten, und die preußischen Kaufleute, welche auf ihren Schiffen Güter bringen oder fortschaffen, haben für die altem Brauche gemäß zollpflichtigen Gegenstände die übliche, Consolato genannte Abgabe vollständig an die preußischen Gesandten und Konsuln zu entrichten.

Art. 4. Der preußische Gesandte bei der Hohen Pforte soll dieselbe Unabhängigkeit und dieselben Vorrechte genießen, welche gewohnheitsmäßig den Gesandten der anderen befreundeten Mächte zustehen; es sollen in dem gesamten Gebiete der Hohen Pforte, in jedem Stapelplatze, Hafen und auf jeder Insel, wo sich Konsuln, Vizekonsuln und Dragomans der anderen befreundeten Mächte befinden, auch die preußischen Gesandten das Recht haben, Konsuln, Vizekonsuln und Dragomans zu ernennen, nach ihrem Belieben abzusetzen und andere an deren Stelle einzusetzen; die Gesandten bei der Hohen Pforte dürfen vier Dragomans im Dienste haben und für die Konsulate einen; die Konsuln, Vizekonsuln, Dragomans und Reisenden, ihre Unterhändler und alle Angehörigen ihrer Nation sollen dieselbe Immunität genießen wie die Untertanen der anderen befreundeten Mächte.

Art. 5. Bei Streitigkeiten zwischen preußischen Angehörigen und deren Untergebenen soll der preußische Gesandte oder die preußischen Konsuln den Fall nach ihren Gesetzen entscheiden, und solange die Preußen nicht selbst von der ottomanischen Justiz abgeurteilt zu werden verlangen, dürfen die Richter und Gouverneure sich nicht mit Gewalt einmischen, um selbst zu richten. Die in dem ottomanischen Gebiet angestellten Konsuln dürfen nicht in Haft genommen werden, und jeder sie betreffende Rechtsstreit soll in der Kaiserlichen Residenz durch Vermittlung ihrer Gesandten entschieden werden; ihre Häuser dürfen weder versiegelt, noch besichtigt, noch durchsucht werden. Rechtsstreitigkeiten zwischen Untertanen der Hohen Pforte und den preußischen Untertanen sollen vor den ottomanischen Gerichten mit Hilfe der betreffenden Gesandten, Konsuln oder Vizekonsuln und auch mit Hilfe der Dragomans verhandelt werden, und wenn ein Mohammedaner oder ein anderer Untertan der Hohen Pforte preußische Untertanen oder deren Untergebene zur Zeit der Abwesenheit eines ihrer Dragomans oder Sachwalter vor Gericht verklagen sollte, so können diese nicht gezwungen werden, sich darauf einzulassen; die den Betrag von viertausend Aspern übersteigenden Prozesse der Konsuln oder ihrer Dragomans sollen in der Residenz des Ottomanischen Reichs verhandelt werden; in denjenigen Streitigkeiten zwischen Mohammedanern oder anderen Untertanen der Hohen Pforte und Preußen oder deren Untergebenen, welche Verkaufs-, Kauf- und Gelddarlehnsgeschäfte[1] betreffen, sollen beim Mangel einer gesetzlichen Schuldurkunde oder eines anderen gültigen Beweismittels sogenannte erzwungene Zeugen nicht gehört werden; entsteht ein Streit im Augenblicke der Abfahrt eines preußischen Schiffes, so soll er unverzüglich mit Hilfe des Konsuls oder Dragomans entschieden werden, und es soll das Schiff ohne Grund weder angehalten, noch in seiner Abfahrt aufgehalten werden. Im Falle daß ein überschuldeter oder straffälliger Preuße geflohen ist, soll ein anderer Preuße, der nicht schuldig ist, weder ergriffen noch belästigt werden, und wenn an einem Orte, wo ein Preuße wohnt, der Körper eines getöteten Menschen gefunden werden sollte, so soll dieser Preuße mit der prezzo di sangue[2] genannten Untersuchung nicht belästigt werden, wenn er nicht in gesetzlicher Weise der Schuld überführt worden ist.

Art. 6. Kein Angehöriger der preußischen Nation soll zum Sklaven gemacht werden dürfen. Falls jedoch in Kriegszeiten ein Preuße zusammen mit solchen feindlichen Truppen, welche sich mit der Hohen Pforte im Kriege befinden, gefangen genommen werden sollte, soll es gestattet sein, ihn zum Sklaven zu machen. Ist er aber nur aus Unachtsamkeit oder auf irgendeine andere Weise unter die feindlichen Truppen geraten und dann zum Sklaven gemacht worden, so soll er, wenn er reklamiert und aufgesucht und seine Eigenschaft als Preuße festgestellt worden, in Freiheit gesetzt werden.

Desgleichen darf preußischerseits kein Mohammedaner oder anderer Untertan der Hohen Pforte zum Sklaven gemacht und soll jeder, der unter solchen Verhältnissen in Sklaverei sich vorfindet, ohne Verzug in Freiheit gesetzt werden. Stirbt ein Preuße oder dessen Untergebener in den Staaten der Hohen Pforte, so sollen die von ihm hinterlassenen Güter behufs Rückgabe an seine Erben den preußischen Gesandten oder Konsuln zur Verfügung gestellt werden, und wenn von den Erben[3] sich keiner vorfindet, so soll einer der Landsleute des Verstorbenen sie an sich nehmen, ohne von den Richtern oder Beamten der Hohen Ottomanischen Pforte belästigt zu werden. Ist jedoch an dem Sterbeorte kein Preuße zu finden, so sind die hinterlassenen Güter in ein von dem Ortsrichter zu versiegelndes Verzeichnis einzutragen, in Verwahrung zu nehmen und ohne weiteres der von dem preußischen Gesandten mit dem Abholen beauftragten Person auszuhändigen, ohne daß die Resmivismet[4] genannte gesetzliche Abgabe gefordert

[1] Im türkischen Text (S. 80) ist noch »كفالت« Bürgschaft genannt.

[2] Vgl. oben S. 23.

[3] Im italienischen Text (S. 54) steht » .. e non retrovandosi nessuno de'i ...; im türk. Text (S. 80) »وبونلردن برى بولنمديغى حالده«, d. h. also doch wohl »von den Gesandten oder Konsuln«, keinesfalls von den Erben.

[4] Vgl. oben S. 24.

werden dürfte. Man wird alle mögliche Mühe und Sorgfalt aufwenden, um die den Handel betreffenden Dinge in Ordnung zu halten, sowie alles zu beseitigen, was demselben Schaden verursachen könnte. In betreff der Religionsausübung und aller anderen Angelegenheiten sollen die Preußen ganz ebenso behandelt werden wie die Angehörigen der anderen befreundeten Nationen.

Art. 7. Sind die vorstehenden, Freundschaft und Handel betreffenden Artikel von beiden Teilen unterzeichnet, so soll es nicht gestattet sein, denselben in irgendeiner Weise entgegenzuhandeln, vielmehr sollen sie genau und wie es sich gebührt beobachtet werden. Und dieselbe Behandlung, welche nach dem Wortlaute dieser Artikel den Geschäftstreibenden und Untertanen der obenerwähnten Majestät zugestanden wird, soll in derselben Weise als eine gegenseitige auch den Untertanen und Geschäftstreibenden der Hohen Pforte zuteil werden.

Art. 8. In Zukunft soll es gestattet sein, erforderlichen Falls, gemäß der bestehenden, beiden Teilen ersprießlichen Freundschaft fernere nützliche und beiden Teilen vorteilhafte Artikel vorzuschlagen und dieselben nach getroffener Vereinbarung den gegenwärtigen Artikeln hinzuzufügen.

Conclusion. Dieser zwischen dem die Welt schützenden Padischāh, dem das Chalifat ausübenden Schāhinschāh, meinem mächtigen, erhabenen, gewaltigen und erlauchten Wohltäter, Seiner Majestät meinem Großherrn einerseits und Seiner Majestät dem genannten Könige andererseits abgeschlossene Vertrag gegenseitiger Freundschaft soll unbeeinträchtigt bewahrt und beobachtet werden. Damit unter der Bevölkerung und den Untertanen beider Teile die Anzeichen aufrichtiger Freundschaft sichtbar werden, soll bereits heute die Verkündung in Angriff genommen und den innerhalb beider Machtbereiche Wohnenden Mitteilung davon gemacht werden. Diese zwischen beiden Regierungen abgeschlossenen Artikel sollen innerhalb von vier Monaten oder auch früher ratifiziert werden.

Da nun die Fassung der obenerwähnten acht Artikel und der Conclusion endgültig feststeht und damit, so Gott, der allwissende König, will, durch den Eifer, die Sorgfalt und die Aufrichtigkeit beider Parteien sowie durch Austausch der Ratifikationsurkunden innerhalb der festgesetzten Zeit die Sache zu einem glücklichen Ende geführt werde, so ist zu diesem Zwecke diese Urkunde unter Beisetzung unseres Siegels und unserer Unterschrift geschrieben und ausgefertigt und im Wege des Austausches dem Bevollmächtigten ausgehändigt und übergeben worden.

Geschrieben in den letzten Tagen des erhabenen Monats Schaʿbān im Jahre 1174[1].

Der von Gott, dem Erhabenen, Hilfe erbittende Großwezir

Mehmed Rāghib.

---

[1] D. i. 28. III. bis 5. IV. 1761.

Geh. St. Arch., Rep. XI 275 d Türkei, fasc. 19. Bl. 25.

Ratifikationsschreiben des Königs von Preußen.

30. May 1761.
Ratificatio Tractatus amicitie et
Commercii cum Porta ottomanica.
conclusi die 22 Martii 1761.
die unterstrichenen nahmen sind
mit goldenen Buchstaben geschrieben.

Fridericus Dei gratia Rex Borussiae pp.

/: tot. Tit. :/ Recognoscimus et omnibus et singulis, quibus expedit, notum testatumque facimus, quod cum Tractatus firmissime amicitiae, inter Nos et Serenissimum ac Potentissimum Principem Dominum Sultan Mustapha Imperatorem Maximum Constantinopolitanum, atque in Asia, Africa et Europa, Persarum, Arabum, Syriae, Cypri et Aegypti Dominum amicum nostrum charissimum, per Ministros ab utraque parte plenis Potestatibus et auctoritate sufficienti respective munitos, Constantinopoli die vigesima secunda mensis martii presentis anni conclusus et signatus fuerit, forma et verbis que sequuntur:

(hierauf wird der gantze Tractat in Italienischer Sprache, von Wort zu Wort geschrieben).

Nos viso perpensoque Tractatu suprascripto, eum in omnibus et singulis articulis et clausulis approbavimus, ratum, gratum firmumque habuimus, prout per presentes, illum approbamus, ratum gratum firmumque habemus, spondentes et verbo Regio promittentes, pro Nobis, heredibus et Successoribus Nostris, nos omnia et singula, que in praedicto Tractatu continentur sincere et bona fide prestituros et observaturos, neque permissuros, quantum in Nobis est, ut a quondam violetur aut ullo modo ei in contrarium eatur. In quorum omnium majorem fidem et robur, presentibus manu nostra Regia signatis, magnum nostrum Sigillum appendi curavimus. Que dabantur in castris nostris prope Schwidnitiam Silisiae.

Die prima Iunii mensi, anno salvatoris millesimo Septingentesimo Sexagesimo primo, Regnique nostri vigesimo secundo.

Fridericus Rex.
Finckenstein.

Es wird das Majestätssiegel in einer silbernen Capsul angehangen.
NB. Weil keine Capsul zu dem Majestätssiegel zur Hand gewesen, so hatt man nur das Pavillen-Siegel daran gehängen.

Rep. XI 275 Türkei, fasc. 19.

Trattato[1]

della ferma amicizià tra Sua Maestà, il Serenissimo ed Potentissimo Rè di

[1] In den Akten des Geh. St.-Arch. (fasc. 19) befinden sich zwei Déchiffrements der Rexin'schen Depesche vom 22. 3. 1761. Das erste (Bl. 8—10) ist anscheinend von einem der italienischen Sprache Unkundigen angefertigt. In diesem Déchiffrement sind viele Änderungen und Verbesserungen von anderer Hand eingetragen worden.

Prussia, Friderico Terzo[1], ed Sua Sultanea Maestà, il Serenissimo ed Potentissimo Imperatore Massimo degli Ottomanni, Sultan Mustapha.

L'essere i Principi[2] legati con i vincoli d'una sincera amicizia è cosa certa, che cagiona non solamente ad esser muniti e confortati i loro Regni, mà anche reca grandi avantaggi à loro Stati[2] e Sudditti[2]. Una tal desiderata Unione trae seco molta utilità, non solamente a quelli, che sono vicini trà di loro, mà anche in consequenza di varii rettissimi riflessioni è più necessaria la sua osservanza à quelli principi che sono lontani e discosti trà di loro. Onde Sua Maestà il Serenissimo e[3] Potentissimo Rè di Prussia, mio Soverano e Padrone Clementissimo avendo ab antico in somma stima e riputazione l'amicizia della fulgida Porta Ottomanna ed essendo d'un tal desiderio la sincerità del Sua[2] cuore pieno[4], in consequenza delli sopramenzionati[5] rettissimi riflessioni volendo legare ed unire i suoi interessi con quelli della[6] fulgida Porta ottomanna[7] per trattar e stabilir colla detta prefulgida Porta, una ferma e perpetua amicizia e sincerità, accompagnandomi colle sue regie creditive lettere continenti la datami piena autorità e tutte l'altre instruzzioni ed ordini necessarii ad un tal afare, anche da parte Sua[8] Reggie lettere per il Serenissimo e Potentissimo Principe Imperatore Massimo degli Ottomanni e Sua[2] Altezza il Sopremo[2] Vezirio della Porta Ottomanna, m'ha mandato alla Residenza del alto Imperio Ottomanno Con-

---

Das zweite (Bl. 11—15) ist bezeichnet als »II. akkurates Déchiffrement des mit der Pforte am 22. 3. abgeschlossenen Traktates«. In diesem sind die Verbesserungen des ersten Déchiffrements berücksichtigt; es ist überhaupt, soweit die Handschriftenvergleichung einen Schluß zuläßt, anzunehmen, daß das zweite Déchiffrement von derselben Person angefertigt worden ist, die die Verbesserungen in dem ersten vorgenommen hat. Aus dem Ratifikationsschreiben des Königs vom 30. Mai 1761 geht nicht hervor, aus welchem der beiden Déchiffrements der italienische Text übernommen worden ist. Jedoch ist wohl als sicher anzusehen, daß es der des zweiten gewesen ist. Die von Martens und Hertzberg vorgenommenen Änderungen oder Verbesserungen auf Grund besserer Lesungen sind in den Fußnoten vermerkt; hierbei bedeutet M = Martens und H = Hertzberg. Abweichungen in der Akzentsetzung sowie kleinere, unwesentliche orthographische Verschiedenheiten (z. B. a'i statt ai u. dgl.) sind dabei unberücksichtigt geblieben; jedoch sind die Fehler bei Martens und Hertzberg vermerkt.

Eine Nachprüfung des Klartextes der Depesche an Hand des in den Akten befindlichen Chiffretextes war nicht möglich, weil der Schlüssel nicht auffindbar ist. Eine Rekonstruktion dieses Schlüssels dürfte sehr schwierig sein.

[1] Die Bezeichnung Terzo ist, soweit zu übersehen, völlig singulär. Auf eine Durchzählung der Kurfürsten aus dem Hause Hohenzollern kann sie nicht zurückgeführt werden, da Friedrich II. der vierte dieses Namens war. Ein Irrtum seitens der Pforte liegt auch nicht vor, da im türkischen Text nur der Name steht, außerdem das Türkische auch eine Übersetzung aus dem Italienischen darstellt. Ob die Überschrift in der Depesche enthalten ist, läßt sich nicht feststellen; ein Irrtum Rexins wäre vermutlich doch auch berichtigt worden. Zu bemerken ist noch, daß Hertzberg die Überschrift gar nicht mit veröffentlicht hat, während Martens »Frédéric II.« schreibt.

[2] Bei M u. H mit kleinen Anfangsbuchstaben. [3] M: et.

[4] M: piena. [5] H: supra menzionati. [6] M: detta.

[7] H: mit großem Anfangsbuchstaben.

[8] M u. H: da parte sua, Reggio lettere.

stantinopoli per trattare e parlare cogli Eccelentissimi Ministri della fulgida Porta, toccante lo stabilimento degli Articoli d'una tale[1] ferma e stabile amicizia. In consequenza doppo varie conferenze passate furono conchiusi tutti quegli sinceri articoli della reciproca amicizia e stipulato il loro stabilimento in otto articoli e un epilogo. Onde in vigore della mia piena autorità clementissimamente concessami dal sopramenzionato Serenissimo[2] et Clementissimo mio Rè hò ancor io scritto in Idioma Italiana la presente obligatoria carta contenente i[3] sopradetti articoli, per esser cambiata contra quella obligatoria carta scritta in Lingua Turca, e ch'è da consegnarsi nelle mie proprie mani dalla parte della fulgida Porta. Gli articoli dunque, che furono conchiusi, si spiegano nella maniera seguente:

Articolo Primo.

Trà[4] il Serenissimo e Potentissimo Rè di Prussia, ed il fulgido e Potentissimo Imperio Ottomanno, se è[5] stabilito[6] una forte pace, amicizia e reciproca sincerità. Sia lecito à i sudditi ed habitanti d'ambe le parti, tanto per mare quanto per terra, di traficar senza impedimenti ed i nazionali di Prussia, che viaggeranno colla bandiera e colla Patente di Sua Maestà di Prussia ed i marinari delle loro Navi entrando ne'i porti e nelle Scale ed Isole[7] delle Provinzie Ottomanne con robbe e mercanzie, nel tempo del loro arrivo, dimora e ritorno non saranno molestati, e se per accidenti le loro navi soffrissero del danno, sia lecito[8] di risarcirgli[9], e per il loro sostenimento[10] comprando con proprio danaro de'i viveri[11] e delle[12] bevande e di tutte quelle cose, che loro saranno necessarie, non siino impediti da nessuno[13]. Toccante[14] la compra et[15] la vendita di tutte quelle robbe e mercanzie non proibite, sià reso a loro ed anche a'i Mercanti Prussiani tutto quel trattamento, che si rende a'i mercanti delle altre amiche Potenze. Le Navi Prussiani che approderanno alle forterezze delle Dardanelle ò d'altri Porti e Scale, saranno accettati nella stessa maniera, come si fà verso le Navi delle altre amiche Potenze, e doppo haver dato trecento aspre secondo il costume col nome di salvo arrivo, non siano molestati con altre nuovamente inventate domande, e se una Nave Prussiana naufragasse ne'i Porte[16] e Scale dell'Imperio Ottomanno i Gubernatori, giudici[17] ed ufficiali[17] di quel luogo abbiano cura di custodirla[18] d'ogni atto d'ostilità, e quelle robbe, mercanzie ed abiti che si salveranno del naufragio, procurino di consegnare à quelli Consoli Prussiani, che

[1] M: tall.

[2] In dem ersten Déchiffrement steht hier noch »et Potentissimo«, ist vom Korrektor nicht getilgt, in dem zweiten Déchiffrement aber ausgelassen; es fehlt auch bei M u. H.

[3] Fehlt bei M u. H. [4] M u. H: Fra. [5] M u. H: sia.

[6] M: stabilato. [7] Es fehlt im türkischen Text das Wort für Isole.

[8] H: licito. [9] M: risarcirle. [10] M u. H: sottenimento.

[11] H: viverri. [12] H: a della.

[13] Diese und die weiterhin im Text gesperrten Worte sind im türkischen Text nicht wiedergegeben. [14] M: con la compra, H: com . . . [15] H: e.

[16] M u. H. Porti. [17] M u. H: mit großen Anfangsbuchstaben.

[18] H: custodir la.

si troveranno in quelle vicinanze per esser restituiti ai loro proprietarii e per questa raggione, non si havrà a domandar[1] niente fuor che la solita paga di quelli che serviranno[2] e gli transporteranno, e se tale cose saranno depredate s'abbia da ricercarle[3] et ritrovarle, e perfettamente consegnarle et restituirle.

Articolo Secondo.

I Mercanti Prussiani e quelli che saranno soggetti à loro, per quelle robbe e mercanzie che porteranno ed estraeranno, come gli altri amici, pagando trè per cento di dritto[4] della dogana[5] in moneta[6] corrente, non saranno domandati d'altra cosa di più e i sopraintendenti della dogana non fissino il prezzo di tale cose più di quello che vagliano; in caso però che non potranno accordarsi toccante il prezzo, abbiano a dare dall'istesse robbe, computandole per i trè per cento. L'Ambasciadore de Prussia per quelle robbe, abiti e cose apartenenti alla sua persona e per i suoi Regali, non sia ricercato di dritto di dogana ne dazio[7], e non[8] tornandogli à conto di estrarse il loro carico da'i bastimenti[9] Prussiani, non siino sforzati, e volendo portargli co'i loro bastimenti ad altro luogo non siino[10] impediti ne si domandera da loro qualche cosa. Se vero estraeranno[11] una parte ed il rimanente lo porteranno à l'altro[12] luogo, gli sara domandato dritto di dogana solamente per quelle cose, che furono estratte, et per quelle cose per le quali sara pagato una volta il dritto di dogana, transportati poi in altri porti e scale dell'Imperio Ottomanno, sia riguardato valido l'autentico bullo della pagata dogana, e non sia loro domandato un altra volta il dritto di dogana; e per il resto toccante l'altre cose, spettante alla Dogana, il trattamento, che si fà verso l'altre amiche Potenze, sia fatto anche verso i Prussiani e non si domandi degli Prussiani e da quelli che sono loro sogetti danaro con nome di dritto Cassabeie.

Articolo Terzo.

Le Navi di guerra d'ambidue le Potenze incontrandosi l'una con l'altra, la cerimonia della salutazione abbia da farsi nella maniera accostumata colle Navi di guerra d'altre Potenze. Le navi mercantili pero della Prussia incontrandosi con quelle di guerra e de'i Negozianti dell'Imperio Ottomanno si[13] salutaranno, secondo il costume, amichevolmente, non s'impediranno[14] nel loro viaggio, ne si domandino, ne si prendino da loro, con violenza, nessuna cosa, e non siano sforzati i bastimenti Prussiani di transportare Truppe, canoni, apparati bellici ed altri simili cose. I mercanti della fulgida Porta noleggiando Navi Prussiani per portar le loro robbe e mercanzie, s'abbia ad osservar il trattamento di noleggio, che si osserva colle altre

---

[1] H: demander.

[2] Am Rande Marginalnote von späterer Hand: »wird wohl salvaranno heißen sollen«. [3] M: rittoccarle. [4] H: dritte. [5] H: dovana.

[6] H: monete. [7] H: dazzio. [8] M: dazio; E non .. [9] H: batimenti.

[10] M u. H: siano. [11] H: estraevanno. [12] M: d'altro.

[13] H: Ottomanensi. [14] M u. H: s'impediscanno.

Potenze, ed i Mercanti Prussiani, che porteranno o riporteranno robbe colle loro Navi, per quelle cose, che secondo l'antico uso si paga dritto di Dogana, abbiano a pagare secondo l'usanza agli Ambasciadori e Consoli Prussiani compitamente quel dritto, che si chiama Consolato

Articolo Quarto.

L'Ambasciadore Prussiano, che residera appresso la fulgida Porta, abbia a godere quella independenza e privilegi che sono accostumati d'haver gli Ambasciadori delle altre amiche Potenze ed in tutta la Giurisdizzione della fulgida Porta, in ogni Scala, Porto ed Isola dove si ritrovano Consoli, Vice-Consoli e Dragomanni dalla parte delle altre amiche Potenze, abbianno anche gli Ambasciadori Prussiani a destinare Consoli, Vice-Consoli e Dragomanni, deponere quelli che vogliano, e constituire[1] degli altri nel luogo loro, e per gli Ambasciadori che resideranno apresso la fulgida Porta, abbiano a servirsi de quatro Dragomanni e per quei luoghi che resideranno Consoli, uno Dragomanno; ed i Consoli, Vice-Consoli, Dragomanni e Viaggianti, loro Negozianti e la gente che sono della loro Nazione, siano immuni coll istessa immunità, come sono[2] i sudditi delle altre amiche Potenze.

Articolo Quinto.

Acadendo[3] discordia trà Prussiani e loro soggetti, L'Ambasciadore overo i Consoli Prussiani secondo le loro regole decideranno[4] l'affare e[5] sino che i Prussiani non domandino stessi essere giudicati secondo giustizia ottomanna, i giudici e Gubernatori della fulgida Porta non potranno per forza intrigarsi con dire che loro gli volessero giudicare. I Consoli che resideranno nel Territorio Ottomanno, non siano messi in arresto ed ogni lite che avranno si decidera nella Imperiale Residenza per mezzo de'i loro Ambasciadori; le loro case non siano[6] sigillate, ricercate[7] ne visitate ed accadendo qualche lite legale trà i sudditi della fulgida Porta e quelli di Prussia, si procedera ne'i Tribunali Ottomanni per mezzo de'i loro Ambasciadori, Consoli overo Vice-Consoli ed anche per mezzo de'i loro[8] Dragomanni e se un Maometano overo altro suddito della fulgida Porta farà presentar avanti il Tribunale qualche Prussiano o loro soggetto, mentre che non e presente uno de'i loro Dragomanni overo Procuratori, non siino sforzati di rispondere, e le lite che avranno i Consoli o i loro Dragomanni passando il numero de quatro mille asperi, siano essaminati appresso la Residenza dell'Imperio ottomanno, e toccante quelle cose che spettano la vendita, le compre[9] e del danaro preso in prestito, accadendo qualche lite trà i Mahometani overo altri sudditi della fulgida Porta e trà i Prussiani o loro soggetti, mentre che non sia stromento legale overo qualche altra valida carta[10], non si ascoltino i testimonii, che si chiamano sforzati ed

[1] M: constituere. [2] M: come il sono. [3] M u. H: accadendo.
[4] H: desiderannò. [5] H: a. [6] M u. H: sieno.
[7] M u. H: incercate. [8] loro fehlt bei M u. H.
[9] Vgl. Note 1 zum deutschen Text S. 46.
[10] H: altre valida carte.

accadendo qualche lite in quel istante, che è da partire qualche Vascello Prussiano, sia deciso, senza dilazione, per mezzo del Console o del Dragomanno, e non sia arrestato, ne ritardato la sua[1] partenza, senza raggione, e se un Prussiano essendo indebitato overo colpevole, in caso che fuggira un altro Prussiano mentro non essendo malfattore, non sia preso ne molestato, e se in quel luogo dove abita un Prussiano, si troverà il corpo di qualche huomo ucciso, se non si convincerà legalmente[2] colpevole esser[3] un Prussiano, non sarà molestato con domanda che si chiama prezzo di sangue.

Articolo Sesto.

Non sia lecito, che si facia schiavo nessuno de'i Nazionali Prussiani. In caso peròche si prenderà qualche Prussiano in tempo di guerra insieme con quelle nemiche Truppe, che si trovino in guerra colla fulgida Porta, sia lecito di farlo schiavo. In caso peròche non ritrovandosi trà le truppe inimiche che per inavertenza[4] o qualche altra maniera, si facesse schiavo, doppo esser domandato, ricercato e dimostrato esser Prussiano, sera[5] messo in libertà. Nella stessa maniera nessuno dei Maometani ed altri sudditi della fulgida Porta, si faccia schiavo appresso la Corte di Prussia ed in tal maniera ritrovandosi schiavo qualched'uno, senza dilazione e procrastinazione sara liberato. E se qualched'uno dei Prussiani[6], o de loro sudditi, morira negli stati della fulgida Porta, le loro robbe che restaranno doppo la loro morte, siino messe in possere degli Ambasciadori o Consoli Prussiani, per esser restituiti a'i loro eredi, e non ritrovandosi nessuno de'i sopradetti, gli prendera il suo compagno, e non saranno molestati dalla parte de'i giudici ed uffiziali[7] della fulgida Porta Ottomanna. In caso pero che non si trovi alcuno Prussiano in quel luogo dove accade la sua morte, le robbe rimaste si[8] scriveranno, e tale carte sigillandosi con sigillo della parte[9] del giudice di quel luogo, saranno messe in custodia le robbe e consegnate senz'alcuna protesta[10] a quella persona, che l'ambasciadore di Prussia darà ordine d'andare a prendere, e non si domandera quel dritto legale che si chiama Resmikismet[11]. Si administrerà la possibile cura e diligenza, si permettera[12] uno in buon ordine tutte quelle cose, che spettano il negozio, come per impedire tutte quelle cose, che gli potranno caggionare del danno. Toccante l'essercizio della loro religione ed altre materie si fara anche verso i Prussiani tutto quel Trattamento che si fà verso l'altre amiche Nazioni.

---

[1] M: in sua.. Ital. Text ungenau: vgl. S. 46 dtsch. Text.

[2] H: legalomento.

[3] Im Déchiffrement »ser«; »es« später mit Blei davorgesetzt.

[4] H: inavertoza. [5] M: sara.

[6] M u. H: qualched'uno Prussiano.

[7] M u. H: offiziali. [8] M: se. [9] H: patte. [10] H: proteste.

[11] M. E. steht im Déchiffrement richtig »resmikismet«; das k ist nur so flüchtig geschrieben, daß es fast wie v aussieht. Demnach liegt der Fehler bei der ersten Veröffentlichung des Vertrages von Hertzberg. Vgl. oben S. 24 Anm. 1.

[12] M: per mettere.

Articolo Settimo.

Gli articoli sopradetti contenenti l'amicizia ed il Negozio doppo esser sottoscritti d'ambedue le parti, non sarà lecito d'agir in qualche maniera contraria, anzi saranno osservati devotamente e come conviene; e quel trattamento, che si fà verso i Negozianti e sudditi della sopra menzionata Maestà a tenere[1] di tale articoli, nella stessa maniera s'abbia da far reciprocamente anche verso i sudditi, soggetti e Negozianti della fulgida Porta.

Articolo Ottavo.

Di qua inanzi sia lecito di proponere nel tempo di bisogno alcuni articoli utili e profitevoli all'ambidue le parti, comme frutto della presente amicizia /: essendo libero di pregiudicii d'ambidue le parti :/ i quali doppo esser messo in ordine e regolato, sia permesso d'aggiungergli[2] agli articoli presenti.

Epilogo.

Gli articoli conchiusi trà queste due Potenze abbiano a ratificarsi in spazio di quattro mesi ed anche avanti. Onde secondo la concessami piena autorita, i sopradetti otto articoli con questo Epilogo essendo conchiusi, stipulati e stabiliti, acciò che prendino colla grazia divina una felice fine, anche col cambio delle confirmatorie lettere nel prefato spazio di tempo, fù scritta questa mia obligatoria Carta in lingua Italiana, con mio sigillo signata, con proprio pugno sottoscritta e per via di cambio[3] consignata a Sua Altezza il Sopremo Vezirio e Plenipotenziario Ministro della fulgida Porta Ottomanna Mechmed Raghib Passa.

Dato in Constantinopoli alla fulgida Porta Ottomanna i venti due di Marzo stilo vecchio, l'anno mille sette cento sessanta uno.

gez. Rexin[4]

Rep. XI 275 Türkei, fasc. 6.

Übersetzung der Kapitulationsurkunde vom 27. Juli 1761.

Größe: 289×79,6 cm. (Vgl. S. 75.)

Ṭughrā.

(Muṣṭafā ben Ahmed Chān, der stets Siegreiche).

Da Ich durch den erhabenen, ewigen Willen und die grenzenlose, unendliche Güte Gottes, des Herrn der ewigen Herrschaft, des Güte und Gnade spendenden Herrn, der erhaben ist über einen Genossen oder einen Gleichen, und der geheiligt ist vor dem Wege des Unterganges und der Vergänglichkeit, sowie durch die Erhabenheit der segensreichen Wunder des Sultans der Propheten und Herrn der Heiligen /: auf ihm, seiner Familie und seinen Genossen seien die trefflichsten Grüße :/

der Diener bin über die edelsten Länder und Orte, die glücklichsten Städte und Wohnstätten, die da sind die Qybla der ganzen Welt und der Miḥrāb aller Menschen, so an einen Gott glauben: das heilige Mekka und

[1] M u. H: tenore. [2] H: aggiongerli. [3] H: combio.
[4] Bleistiftnotiz von späterer Hand.

das erleuchtete Medina, sowie der Chān und Herrscher[1] über das gesegnete Jerusalem,

der hochgerechte Padischāh und Herrscher über ein Heer, unzählig wie die Sterne, der siegreiche Schāhinschāh über die drei verehrungswürdigen Städte, die das Sehnsuchtsziel der Könige sind, nämlich Islambul, Adrianopel und Brussa, sowie über das paradiesische Damaskus, Baghdād /: den Sitz des Heils :/, Kairo /: die Rarität ohne Gleichen des Jahrhunderts :/, das gesamte Arabien, das graue Aleppo, arabischen und persischen Iraq, Basra, Lahsa, Deilem, Raqqa, Mosul, Schehrizor, Wan, Dijarbekr, Zulqadrīje, Kurdistan, das Wilajet Erzerum, Siwas, Adana, Qaraman, Marokko, Abessinien, Tunis, das syrische Tripolis, Cypern, Rhodos, Kreta, Morea, Weisses und Schwarzes Meer, Inseln und Küsten des Meeres und Anatolien, die Gebiete von Rumili, insonderheit die tatarischen Länder, Descht-i Qyptschaq, das Wilajet Kaffa und sämtliche umliegenden Stämme, das Land Bosnien, die Festung Belgrad /: den Sitz des Heiligen Krieges :/, alle Länder der Walachei und der Moldau, sowie viele nicht zu beschreibende Landschaften und Länder,

der Sultan der Sultane, der Chaqan der Chaqane, der Sultan Muṣṭafā Chān, Sohn des Sultan Ahmed Chān und Enkel des Sultan Mehmed Chān,

so ist diese Urkunde Meines glückseligen Sultanats mit dem erhabenen Handzeichen des Sultans der beiden Kontinente bedeckt und geschmückt, und das unvergleichliche Befehlsschreiben Meines Chalifats mit dem beglückten Handzeichen des Chaqans der beiden Meere ausgezeichnet und betitelt worden.

So gewiß Wir dankbar sind für diese Gnade, so bedarf es auch keiner Erklärung, daß es zu den edlen Charaktereigenschaften Unseres erhabenen Sultanats gehört, für diejenigen die Tore der Freundschaft zu öffnen und die Grundlagen für freundschaftliche Beziehungen und Eintracht zu schaffen, die Neigung und Wunsch bezeugen zu der Herstellung enger und freundschaftlicher Beziehungen mit Unserer glücklichen Hohen Pforte und erhabenen, prächtigen Schwelle /: dem Hort der Sultane erhabener Abstammung und der Zuflucht der hochangesehenen Chaqane :/. Infolgedessen [ist dieses Schreiben ausgefertigt worden] an den Ruhm der mächtigen Fürsten, die an Jesum glauben, den Auserwählten der erlauchten christlichen Großen, den Schlichter der Angelegenheiten der Staaten der Christenheit, der die Schleppe der Pracht und der Würde nach sich zieht, den Träger der Zeichen von Hoheit und Ansehen, den regierenden König von Preußen und Markgrafen von Brandenburg, Erzkämmerer des Römischen Kaiserreiches, Kurfürsten und Fürsten, Obersten Herzog von Schlesien und Herrscher über andere Territorien, Seine Majestät, den mächtigen Friedrich /: Sein Ende

[1] Diese Formulierung scheint absichtlich gewählt zu sein, um zum Ausdruck zu bringen, daß Pilger preußischer Staatsangehörigkeit im Heiligen Lande unter dem Schutz des Sultans in seiner Eigenschaft als Souverän des Landes stehen. In den früheren Urkunden bezeichnet sich der Sultan sonst: ».. Diener und Herr .. über .. Mekka, Medina und Jerusalem«, hier als »Diener .. über Mekka und Medina, ... Chān und Herrscher .. über Jerusalem ..«.

sei glücklich und rechtgeleitet, möge ihm der Weg der rechten Handlungsweise und der Richtigkeit [von Gott] geschenkt werden :/, der bereits früher von seiner Seite aus aus dem Kreise seiner angesehenen Edlen den Geheimrat und Ratgeber, das Muster der Vornehmen der Christenheit, Karl Adolf Rexin /: sein Ende sei glücklich :/ an Unsere beglückte, mit dem Chalifat verbundene Pforte, den Sitz der Majestät und des Ruhmes, entsandt hat, von dem Wunsche beseelt, mit Unserem erhabenen, langwährenden Reiche den Weg herzlicher Freundschaft zu beschreiten. Dem genannten Gesandten ist ein gesiegeltes Beglaubigungsschreiben nebst Vollmacht erteilt worden, um erneut den regen Wunsch nach der erforderlichen Festigung gütlicher Vereinbarung zu bekunden sowie um über einen Freundschaftsvertrag zu verhandeln und abzuschließen. Das an Unsere erlauchte Kaiserliche Majestät gerichtete Schreiben [ist übergeben worden]. In diesem wird das Ansuchen gestellt, die Unterhandlungen, deren Glättung gewünscht wird, auf dem Wege freundschaftlicher Regelung herbeizuführen und darüber abzuschließen. Das freundschaftliche Schreiben ist seiner Zeit mit den darin ausgeführten Wünschen und Begehren nach altem Brauch Unseres ewig-mächtigen Sultanats durch den Ersten Minister, den sehr ruhmreichen Berater die Ordnung der Welt, den Ordner der Ordnungen der Völker, den verstandesscharfen Leiter der Geschäfte des Staates, der die wichtigen Angelegenheiten der Menschheit durch ein treffendes Urteil zu gutem Ende führt, der das Gebäude der Macht und des Wohlstandes gründet, der die Stützen des Glückes und des Ruhmes festigt und die Rangordnung in dem größten Chalifate festsetzt, der die Ehre des mächtigsten Sultanats vollkommen macht, der umgeben ist von allen Arten von Gnade des allerhöchsten Herrschers, Meinen im Amt befindlichen, geschätzten Großwesir, und uneingeschränkten, getreuen Vertreter Rāghib Mehmed Pascha /: Gott verleihe seinem Ruhm Dauer, mehre und fördere seine Macht und seinen Erfolg :/, an dem Fuße Unseres Thrones, dem Sitze des Sultanats unterbreitet und vorgetragen worden. Von Seiten Unserer Kaiserlichen, wohlwollenden Majestät ist genehmigt worden, daß mit den Begehren, soweit keine Bedenken bestehen, ähnlich wie mit den Verträgen der anderen befreundeten Mächte verfahren werden soll. Entsprechend Unserer huldvollsten Kaiserlichen Ermächtigung sowie nach dem Plan und der Weisung und unter Kenntnis und Aufsicht des erwähnten Großwesirs und ruhmreichen Ratgebers ist in gemeinschaftlicher Besprechung Artikel für Artikel bereinigt und geglättet worden. Beide Parteien sind sich darnach über acht Artikel und eine Conclusion schlüssig geworden. Die von dem erwähnten Bevollmächtigten herkömmlicher Weise in italienischer Sprache abgefaßte und übergebene Punktation sowie die darnach angefertigte Übersetzung sind wiederum an dem Fuße Unseres mächtigen Kaiserlichen Thrones unterbreitet und erläutert sowie gebilligt und für gut befunden worden. Die Urkunden sind alsdann, dem Brauch entsprechend, ausgetauscht worden. Nunmehr ist die Ratifikationsurkunde, die die Annahme und Bestätigung der auf solche Weise ausgetauschten Punktation von seiten des Königs enthält, samt Übersetzung durch Meinen oben genannten, löblichen Großwezir Unserer edelmütigen, weltbeherrschenden

Pforte unterbreitet, vorgetragen und der gesamte Inhalt völlig zu Unserer weltumfassenden Kaiserlichen Kenntnis gebracht worden.

Da nun Unser Kaiserlicher Ferman für den Freundschaftsvertrag erlassen worden ist, gemäß Unserer machtvollen Kaiserlichen, höchsteigenhändigen Kabinettsorder, die Güte in die Herzen träufelt, und lediglich in Rücksicht auf den aufrichtigen Wunsch des Königs nach Freundschaft, so ist infolgedessen dieser, Unser erhabener allerhöchster Namenszug vollzogen und die hohe, machtvolle Vertragsurkunde huldvollst ausgefertigt und dem genannten Bevollmächtigten ausgehändigt und übergeben worden.

Damit sie nun überall beobachtet und gewahrt wird, werden die acht Artikel hierunter aufgeführt.

(Für Artikel 1 bis 8 vgl. die deutsche amtliche Übersetzung auf S. 43 ff.).

Conclusion.

Dieser, zwischen Meiner Hohen Pforte und Seiner Majestät, dem genannten Könige abgeschlossene Vertrag gegenseitiger Freundschaft soll unbeeinträchtigt bewahrt und beobachtet werden. Damit unter der Bevölkerung und den Untertanen beider Teile die Anzeichen aufrichtiger Freundschaft bekannt werden, soll bereits heute die Verkündung in Angriff genommen, und den innerhalb beider Machtbereiche Wohnenden Mitteilung davon gemacht werden. Solange nun von Seiten des genannten Königs und seiner Nachfolger Unserer ewig-mächtigen, Hohen Pforte gegenüber die Prinzipien wahrhafter Freundschaft bezeugt und auf die Verrichtung der Pflichten der Treue Fleiß verwandt wird, solange wird auch, das schwören Wir mit Unserem Kaiserlichen Eide zur Bekräftigung der Vertragsbindungen, in Zukunft von Unserer Allerhöchsten Kaiserlichen Majestät, ebensowenig von Unseren Kaiserlichen, durch Gerechtigkeit ausgezeichneten Nachfolgern, von Unseren hohen Weziren und ehrbaren Beamten der geringste Verstoß dagegen gestattet oder geduldet werden. Damit von beiden Parteien stets die Grundlage der Freundschaft gefestigt, und das Gebäude aufrichtiger Verständigung errichtet werde, soll nach dem erhabenen Inhalt dieser Unser Kaiserlichen Kabinettsorder und huldvollsten Vertragsurkunde gehandelt und verfahren werden.

Geschrieben am 24. Tage des Monats Zil hiḏjje im Jahre 1174[1].

Gegeben in der Residenz
dem wohlbeschützten
Islambul.

Schreiben Sultan Ahmeds III. an König Friedrich Wilhelm I.

1. Dekade Schaʿbān 1133 (28. V.—6. VI. 1721). Original im Pr. Geh. Staatsarchiv zu Berlin, Reg. XI. 275 Türk. fasc. 1. Format: 200 × 81,7 cm. (Vgl. Tafel I.)

[1] D. i. 27. Juli 1761.

I.

Ṭughrā:

احمد بن محمد خان المظفر دائما

افتخار الامراء[1] العيسويه مختار الكبراء الملة المسيحية مصلح مصالح الجماهير
النصرانيه ساحب اذيال الحشمة والوقار صاهب دلائل النجد والاعتبار پروسيه‌نك
قرالى[2] و اكا تابع نجه ولايتلرك[3] حكمدارى وروما ايمپراطور لغنك هرسكى[4] دوستمز
فردرقوش ولهلموش ختم الله تعالى عواقبه بالخير توقيع رفيع همايون جهانمطاعمز
II. واصل اوليجق معلومكز اولاكه جناب خداى متعال تعالى شانه عن الشريك
والمثال وتقدست صفاته[5] عن وصمة التحول والانتقال حضرتلرينك عنايت بى
غايتى وعالمره رحمت اولان سيد الانبيا وفخر الاصفيا حبيب خدا شفيع روز
جزا اولو پيغمبرمز محمد المصطفي صلى الله تعالى عليه وسلم حضرتلرينك ميامن
معجزات كثيرة البركاتيله مرجع سلاطين عظام وملاذ خواقين فخام III. اولان
سدهٔ سنيهٔ سدره[6] مقام وعتبهٔ عليهٔ سپهر احتشامزه طرفكزدن فرستاده قلنان
نامهٔ صداقت علامه‌كز مقر سرير سلطنت سنيه ودار الخلافت العليه‌مز اولان
محروسهٔ[7] قسطنطنيه لا زالت محروسة بحراسة الالهيه‌يه كلوب قانون قديم عثماني
ودأب مستديم جهانباني اوزره ترجمه‌سي دستور اكرم مشير افخم نظام العالم ناظم
مناظم الأمم IV. مدبر امور الجمهور بالفكر الثاقب متمم مهام الانام بالرأى الصائب
ممهد بنيان الدولة والاقبال مشيد اركان السعادة والاجلال مكمل ناموس السلطنة
العظما مرتب مراتب الخلافة الكبرا المحفوف بصنوف عواطف الملك الاعلى وزير

---

[1] ا bzw. آ sind im Anschluß an die Originale gesetzt.

[2] Sonst in den späteren Urkunden meist پروسيا قرالى.

[3] ولايت bedeutet schon in frühislamischer Zeit im Verwaltungswesen »Provinz«; in der osmanischen Sprache hat es vielfach die Bedeutung von »Land« schlechthin. »Frankreich« ist z. B. in der französischen Kapitulation vom 20. Safar 1084 (d. i. 6. Juni 1673) mit ولايت فرانجه übersetzt (vgl. Mu'āhedāt medjmū'asy Bd. I, S. 5). In den an den König gerichteten Schreiben dürften unter wilājet die kleineren Länder zu verstehen sein, in denen er als Fürst, Graf usw. Souverän war, z. B. Jülich, Cleve u. a.

[4] هرسك bedeutet nicht nur »Herzog«, sondern auch »Kurfürst« (vgl. Zenker, s. v. هرسك).

[5] Im Original durch einen Riß im Papier zum Teil zerstört und unleserlich.

[6] Zu سدرة vgl. oben S. 27, Anm. 2.

[7] Zu محروسه vgl. Babinger in: Le Monde oriental, Jahrg. 1920, S. 122, Anm. 3.

اعظم قویّ الهمم ووکیل مطلق ستُوده شیم وداماد محترم ابراهیم[1] پاشا ادام الله
تعالی اجلاله وضاعف بالتّأیید اقتدآره V. وساطتیله پایهٔ سریر اعلا وپیشگاه تخت
فلك فرسامزه عرض و تلخیص اولنوب مضمون مصادقت نمونندہ بفضل الله الواهب
المآلك ممالك مصُونة المسالکمزده حاصل ومیدان وجوده متواصل اولآن آتلر سائر
ممالك آتلرندن نامدار وفآیق ومربوط سر طویلهٔ ملوك اولمغه لآیق اولمغله بر قاچ
رأس آت اشتراسیله آخُورکزه فر وزینت وفخر وشهرت VI. ویرمك ارزوسیله آخورکز
کتخداسی اولآن یوحنّس یورغوچی نآم آدمکزی مخصوصاً استانهٔ سعادت آشیانه‌مزه ارسال
ایلدیککزی انها واولبابده اذن ورخصت پادشاهانه‌مزی التماس ورجا وخآندان
دولت علیه‌مز دوستلغنه اظهار میل ورغبت وعَرض خلُوص ومودّت ایله سائر
دوستلریمز زمره‌سنه ادخآل اولنمکز VII. مطلوب ومرغوبکز اولدوغن ابانه
وانبا ایلمش‌سز بو خآندان برّ واحسان عثمآنی ودودمان راسخ الارکآن جهانبآنی‌یه
عَرض خلوص طویّت واظهار مسالمت ومصادقت ایدن ملوك ستوده سلُوك منظور
نظر رغبت شاهانه ومشمُول انواع ملآطفت پادشاهآنه‌مز اولمق اباءِ بلند اوصاف
واجداد عالی نژاد VIII. سعادت اتّصافمزدن منتقل وموروُث مآثر حسنه ومفاخر
مستحسنه‌دن اولمغله رجا والتماسکزه رخصت ومساعدهٔ خدیوانه‌مز ارزانی قلنمشدر
وادمکز مذکور محصّل المرام اولوب طرفکزه صَرْف لجام رجعت مراد ایتمکین
دوستلغکزه موافقت ایله اشبو نآمهٔ همایون ملاطفت مَشحونمز اصدار وارسال
اولندی IX. لدی الوصُول مابینده تمهید وبنآ اولنآن بو دوستلق وموانست طرفکردن
حفظ وحراست وشرایطنه رعایت وحُرمت اولندقجه دولت علیهم جانبندن دخی
حمایت وصیانت اولنه‌جغی مقرّر ومحقّق اولدوغی ملحوظکز اوله والسّلآم علی من
اتّبع الهُدی تحریراً فی اوائل شعبان المعظّم سنه ثلث و ثلثین X. ومائه والف

بمقام
دار السّلطنة العلیّة
قسطنطنیّة
المحمیّة[2]

---

[1] Über die Amtstätigkeit des Großwesirs Ibrāhīm Pascha vgl. von Hammer, 1. Aufl., Bd. VII, S. 224 ff., und Rāschid, Bd. II, S. 191 ff.; über sein Leben auch: hadīqat el-wuzarā S. 29 f.

[2] Das im Original hierunter sichtbare Zeichen ist der auf der Rückseite befindliche Kanzleivermerk, der durchscheint (vgl. S. 82, I).

بركاتيله بنكه عصابهٔ الفخر بلدان واقطار وتارك شرف ممالك وامصار يعنى قبلهٔ
جوامع عالم ومحراب توجهات بنى آدم اولان مكهٔ مكرّمه و مدينهٔ منوّره وحرم
مسجد اقصى [و][1] قدس شريف مباركك خادم وحاكمى و رشك انداز قلوب سلاطين
جهان اولان بلاد ثلاثهٔ معظّمه كه .III اسلامبول وادرنه وبروسه‌در انلرك وشام
جنّت مشام ومصر نادرة العصر بيهمتا وكلّياً عربستان وافريقيه وبرقه وقيروان
وحلب الشهبا وعراقين عرب وعجم وبصره ولحسا وديلم ورقه وموصل وشهرزور
ودياربكر وذوالقدريه وولايت ارضروم[2] وسيواس .IV وادنه[3] وقرمان ووان
ومغرب وحبش وطونس وطرابلس شام وقبريس ورودوس وكريد وموره واق دكز
وقره دكز وجزاير وسواحليله ديار اناطولى وممالك روم ايلى وخصوصا بغداد
دار السلام وجميعا كردستان وروم وترك و[و]تاتارستان وجراكسه .V وقبارطيان
وكورجستان ودشت قبچاق وايلات تاتاره دائر اولحواليلرده واقع عموما صغناق[4]
وولايت كفه واطرافنده واقع جملهٔ اويماقان ومضافاتيله عموما بوسنه و قلعهٔ بلغراد
دارالجهاد وصرپ حكومتى وانده اولان قلاع وحصون وبلاد ارنودلق وبالتمام
افلاق وبغدان .VI واطرافنده واقع معاقل وثغور وتعريف وتوصيفدن مستغنى نيجه
بقاع وقلاع وامصارك پادشاه معدلت پناهى وشهنشاه نصرت دستگاهى اولان
السلطان ابن السلطان والخاقان ابن الخاقان السلطان مصطفى خان ابن السلطان
الغازى احمد خان ابن السلطان محمّد شاهم طرف همايونمدن .VII افتخار الامراء
العظام العيسويه مختار الكبراء الفخام المسيحيه مصلح مصالح جماهير الطائفة النصرانيه
ساحب اذيال الحشمة والوقار صاحب دلائل المجد والاعتبار حالا پروسيا
قرالى ومارقرويوس براندهبورق وروما ايمپراطورلغك[5] باش قمراريوسى وهرسك
وپرنج وسلزيانك باش دوقه‌سى وسائر ولايتلرك .VIII حكمدارى حشمتلو
مكنتلو فريده‌ريقوس ختمت عواقبه بالخير والرشاد و احسن اليه سبيل الصواب

---

[1] Das و ist sicher irrtümlich ausgelassen, da es dem Sinne nach stehen muß, auch im Text der anderen Urkunden stets gesetzt ist, z. B. fasc. 5, Z. II.

[2] Wegen der Orthographie dieses Ortsnamens vgl. Fekete, a. a. O. S. 13, Anm. 10.

[3] Um Verwechselungen mit ادرنه im postalischen Verkehr zu vermeiden, ist für ادنه später die Schreibweise اطنه eingeführt worden (diese Mitteilung verdanke ich J. H. Mordtmann).

[4] Auch صاغناق geschrieben; eine Landschaft im Kaukasus. Vgl. hierzu لهجه عثمانى, 1. Aufl., Bd. II, S. 696. [5] Schreibfehler für ايمپراطورلغنك.

والسداد توقيع رفيع همايونمز واصل اوليجق معلوم اولاكه مرجع سلاطين
عظام وملاذ خواقين كرام اولان دولت عليهٔ راسخة الاركان عثمانی وسلطنت
سنيهٔ شامخة البنيان جهانبانی‌يه اظهار مراسم اخلاص وابراز لوازم IX. دوستی
واختصاص ايدن ملوك ستوده سلوك حقلرنده وجوه عنايت واعطاف شاهانه
وصنوف اعانت والطاف ملوكانه مبذول وبيدريغ طوتلمق اجداد ذوی الامجاد
عظامنز انار الله تعالی مراقدهم حضراتندن منتقل وموروث ازقديم شيمهٔ كريمهٔ
وخصلت جميلهٔ مستديمهٔ شاهانه‌مزدن اولديغی معلوم عالميان X. اولمغله بناءً علی
هذا سزكدخی بوندن مقدمجه تحريك سلسلهٔ اشنايی[1] والفته مزيد رغبت ضمننده
اخلاص طويت برله اظهار دلائل خواهش وكرميتكز لاجرم موجب اسعاف
امال ومرامكز اولمق حسبيله التماسكز اوزره ميانه‌ده طرح اساس دوستی وموالاة
وتشييد مبانی مهر ومصافاة XI. بر وفق دلخواه ومراد پذيرای استحكام وثبات
اولوب آدای رسم تشكری مراعاتيله حالا استانهٔ ميمنت اشيانه‌مزده اورته ايلجيلك
رتبه‌سيله مقيم اولان ارباب استشاره‌كزدن قدوة امراء الملة المسيحيه ده ركسين
ختمت عواقبه بالخير وساطتيله تاكيد مراسم تهادن[2] واختصاص حاوی بوندن
مقدمجه فرستاده اولنان نامهٔ دوستی علامه‌كزك[!] مضمون XII. مصادقت نموننده
حظوظ وافره حاصل وتحف وهداياكزدخی متواصل و مقبول خسروانه‌مز اولوب
بو سياق اوزره طرف عالی الشرف ملوكانه‌مزه اظهار اولنان خلوص وصداقتكز
وكمال خواهش ورغبتكز طرفكزه وسيله تزايد[3] اسباب انبساط وذريعهٔ توافر ود
وارتباط اولمق حسبيله تأسيس اساس XIII. مبانی استيناس اولمق اوزره خزانهٔ
عوارف[4] شهنشاهانه‌مزدن مخصوصا طرفكزه ترتيب وتفريق اولنان هديهٔ بهيهٔ
خاقانيمزی تبليغ وايصال واستفسار خاطر صفوت اشتمال اجون[5] خواجكان

---

1 Wäre wörtlich zu übersetzen: »Die Kette der Freundschaft in Schwingung gesetzt hat«.

2 Die VI. Form von هَدَنَ kommt im Arabischen und wohl auch im osmanischen Kanzleistil nur selten vor. Sie bedeutet: einen Waffenstillstand schließen, hier am besten: befrieden.

3 Im Original نزايد.

4 عوارف plur. v. عارفه = Wohltat, Gunst, Geschenk; خزانهٔ عوارف also eigentlich: Vorratskammer der Geschenke.

5 Zu jener Zeit bereits seltener gewordene Schreibweise für ايچون.

دیوان همایونمزدن سابقا اناطولی محاسبه جیسی اولوب دولت علیه‌مزده توقیعلك پایه‌سی
ومنزلتی ایله شانی ترفیع **XIV.** واعلا واورته ایلچیلك رتبه‌سیله منشور قدر واعتباری
توقیع ووالا قلنان معتمد واریب ورشید وادیب افتخار الاماجد والاکارم رسمی
الحاج احمد[1] دام مجده مأمور وتعیین قلنمغین اشبونامهٔ ولا[2] علامهٔ ملوکانه‌مز اصدار
وموما الیه ایله تسییر وارسال اولنمشدر لدی الوصول مشهود اولان صدق وخلوصکز
XV. مقتضاسنجه هدایای شاهانه‌مزك ایصالنه مأمور موما الیه لحافظهٔ عین موانست ایله
منظور ومشمول اولندقدنصکره بوجانبه ارخاء عنان عودته اذن ورخصت ویریلوب فیما
بعد الی ما شا الله تعالی طرف ملوکانه وجانب شاهانه مزدن ملحوظ ومأمول اولان
اخلاص ومودتك واختصاص ومحبتك **XVI.** یوماً فیوماً متزاید اولمسنه طرفکردن صدق
عزیمت وخلوص طویت ایله میل ورغبت اولندقجه جانب سنی المناقب خدیوانه‌مزدن
دخی تتابع رابطهٔ دوام وترادف استمرار واستحکامك استزاده واستقرارینه صرف
جل اهتمام اولنه‌جغی معلومکز اوله والسلام علی من اتبع الهدی تحریرا فی اوائل
XVII. محرم الحرام سنه سبع وسبعین ومأة والف

بمقام
دار السلطنة العلیه
اسلامبول
المحروسة
المحمیه

Schreiben Sultan Muṣṭafās III. an König Friedrich II.

Letzte Dekade Muharrem 1177 (1.—10. VIII. 1763). Original im Pr. Geh. Staatsarchiv zu Berlin. Reg. XI. 275 Türk. fasc. 5. Format: 158×84 cm. (Vgl. Taf. IV.)

IV.

Ṭughrā:

مصطفی بن احمد خان المظفر دائما

جناب فیض بخشای واهب العطایا وخداوند خالق البرایا تقدست ذاته
عن وصمة الحدود والانحا[3] حضرتلرینك کرم بیغایتی وسید الانبیا وسند الاصفیا

[1] Vgl. oben S. 15, Anm. 5.

[2] ولا statt والا.

[3] انحا plur. v. نحو = Seite.

حضرت محمّد المصطفى عليه افضل الصّلوة والسّلامك سمو معجزات كثيرة ٱلبركاتيله
بنكه اشرف ٱلبلدآن وٱلاماكن واسعد ٱلامصار وٱلمداين قبلهٔ جوامع II. عالم ومحراب
توجّهات بنى ادم اولآن مكّهٔ مكرّمهٔ ومدينهٔ منوره وحرم مسجد اقصى وقدس شريف
مباركك خادم وحاكمى ورشك انداز قلوب سلاطين جهان اولآن بلآد ثلآثهٔ
معظّمه كه اسلامبول وادرنه وبروسه‌در انلرك وشام جنّت مشآم ومصر نادرة ٱلعصر
سيهمتا وكلّيا III. عربستان وافريقيه وبرقه وقيروآن وحلب ٱلشّهبا وعراقين عرب
وعجم وبصره ولحسا وديلم ورقّه وموصل وشهرزور ودياربكر وذوٱلقدريّه وولايت
ارضروم وسيواس وادنه وقرمان ووان ومغرب وحبش وطونس وطرابلس‌شام وقبرس
وردوس وكريد وموره واق دكز IV. وقره دكز وجزآير وسواحليله ديار اناطولى وممالك
روم ايلى وخصوصا بغداد دار ٱلسّلام وجميعا كردستان وروم وترك وتاتارستان وجراكسه
وقبارطيان وكورجستان ودشت قبجاق[1] وايلات تاتاره دآئر اولحواليلرده واقع عموما
صغناق وولآيت كفه واطرافنده V. كآئن جملهٔ اويماقان ومضافاتيله عموما بوسنه
وقلعهٔ بلغرآد دار ٱلجهآد وصرب حكومتى وانده اولآن قلآع وحصون وبلآد ارنودلق
وبٱلتّمام افلآق وبغدان وحوآليسنده واقع معاقل وثغور وتعريف وتوصيفدن
مستغنى نيجه بقاع وقلآع وامصارك پآدشاه معدلت پناهى وشهنشاه نصرت دستكاهى
VI. اولآن السّلطان ابن ٱلسّلطان وٱلخاقان ابن ٱلخاقان ٱلسّلطان مصطفى خان ابن
ٱلسّلطان الغازى احمد خان ابن ٱلسّلطان محمّدشاهم طرف همايون خلافتمقرونمدن
افتخار امرآء ٱلعظام ٱلعيسويّه مختار ٱلكبرآء الفخام المسيحيّه مصلح مصآلح جماهير
ٱلطآئفة ٱلنّصرانيّه ساحب اذيال ٱلحشمة و الوقار VII. صاحب دلآئل ٱلمجد وٱلاعتبار
حالا پروسيا قرالى ومارقرويوس براندهبورق وروما ايمپراطورلغك [sic] باش قمراريوسى
وهرسك وپرنج وسلزيانك باش دوقه‌سى وسائر ولايتلرك حكمدارى حشمتلو مكنتلو
فريده‌ريقوس ختمت عواقبه بٱلخير وٱلرّشآد وٱلهم اليه سبيل ٱلصّواب وٱلسّداد
توقيع رفيع VIII. همايونمز وآصل اوليجق معلوم اولا كه ملجأ سلاطين عظام وملآذ
خواقين كرآم اولآن استان رصين ٱلبنيان راسخ الاركانمزه اظهار اولنان وفور صداقت[2]

[1] Sonst auch قيچاق.

[2] Im Original fehlen die beiden Punkte über dem ت.

واخلاص مقتضاسی اوزره مجدّداً عقد وتمهید وتأسیس وتأکید اولنآن مراسم دوستی
ومصافاتك تشکرینی مشعر IX. وسدّهٔ سنیه والا مقاممزده مقیم ارباب استشاره‌دن[1]
معتمد اولان قدوة امرآء الملّة المسیحیّة ده رکسین ختمت عواقبه بالخیر اورته ایلچیلك
رتبه‌سیله اعتباری تمکین ودرسعادتمزده کماکان اقآمتنی مبیّن ودولتین بیننده تشیید دوستی
وصفوتی وتأکید اساس مسالمتی مشتمل رکاب مستطاب ملوکانه‌مزه X. ارسآل اولنان
نامهٔ خلوصانه وبر موجب دفتر هدیّهٔ متخصّصانه‌یی پیشکاه سریر شوکتمصیر ملوکانه‌مزه
ایلجیٔ[2] مومی الیه زمین بوسیء سدهٔ مکارم عدّهٔ پآدشاهانه‌مز شرفنی احرازایله تسلیم
وتبلیغ ایدوب قاعدهٔ قدیمهٔ عثمانی ودیدنهٔ مستدیمهٔ جهانبانی اوزره بوندن اقدمجه تبدیل
جآمهٔ حیات ایدن صدر اعظممز XI. رآغب مُحمّد پاشا وساطتیله نامهٔ صدق
علّامه‌نك [!] عینی وترجمه‌سی پایهٔ سریر شوکتمصیر خسروآنه‌مزه عرض وتلخیص
اولنوب مفهومی محاط علم عالم آرآی شاهانه‌مز اولمقدن ناشی جوابی بر قاج کون مقدّمجه
توقیعیلك پایه‌سی ومنزلتی وسفارت ایله اول طرفه ارسال اولنان افتخار الاماجد
والاکارم XII. رسمی الحاج احمد دام مجده ایله تقدیم اولنان نامهٔ همایون شاهانه‌مزده
اجمالا ذکر واشعار اولندیغندن غیری ایلچیء مومی الیهك در علیّهٔ ملوکانه‌مزده اقامتنه
اذن ورخصت همایونمز وتاکید موالاته دائر عرض واعلام ایده‌جکی امور وخصوصلره
اعتماد پآدشاهانه‌مز بیدریغ بیورلمسی XIII. التمآس اولنمغله التماسکز قرین قبول
ومومی الیه ایلچینك رتبهٔ مزبوره ایله استانهٔ سعادتمزده اقامتنه اذن شاهانه‌مز
مبذول قلنوب انجق ایلچی مومی الیه یدیله ابلاغ اولنان نامهٔ دوستی علامه‌نك جواب
خلّت مآلی ینه ایلچیٔ مومی الیه وساطتیله ایصال اولنمق عادت قدیمهٔ دولت علیه
وشنشنهٔ مستدیمهٔ XIV. سلطنت سنیّه‌مزدن اولدیغنه بناءً علی وجه المعتآد تأسیس
اساس مبانی دوستی وموالاة وتشیید بنیان آشتی ومصافآت ضمننده نامهٔ دوستی
علّامه‌نك [!] جوآبی اولمق اوزره اشبو نامهٔ همایونمز تحریر واملا وایلچیء مومی الیهه
تسلیم واعطا واول طرفه ارسال واسرا اولنمشدر لدی الوصول XV. مابینده مجدّدا

[1] Es soll wahrscheinlich auch hier استشاره‌کردن heißen; vgl. fasc. 4, Z. XI.

[2] Wegen der Schreibweise ایلجی statt ایلچی vgl. Kraelitz: Bericht über den Zug des Groß-Botschafters Ibrahim usw., a. a. O. S. 7f.

انعقاد پذیر اولآن ضوابط مصافات وروابط مصادقت وموالات لازمه‌سنجه عهد نامهٔ
همایونمزك شرایطی اولجانبدن وقایه ومحافظه‌سنه صرف سعی اولندقجه جانب سلطنت
سنیه‌مزدن دخی مراسم صفوت وموالاته رعایت وتجار ورعایانك دخی هرحالده
حمایت[1] وصیانت XVI. وامن وسلامتلری خصوصنه سعی وبذل همت ومحافظه
شرایط دوستی ومصالحه‌یه مراعات ایله ماببنده مستحکم الوکا اولآن حبال ولا اشتمال
دوستی‌نك محافظه‌سنده اهتمام اولنه‌جغی معلوم اوله والسلام علی من اتبع الهدی
تحریرًا فی اواخر محرم الحرام سنه سبع وسبعین ومأة والف

بمقام
دار السلطنة العلیه
اسلامبول
المحروسة
المحمیة

Schreiben Sultan Muṣṭafās III. an König Friedrich II.

1. Dekade Zil-hidjje 1179 (11.—20. V. 1766). Original im Pr. Geh. Staatsarchiv zu Berlin. Reg. XI. 275 Türk. fasc. 6. Format: 187×87 cm. (Vgl. Tafel V.)

V.

Ṭughrā:

مصطفی بن احمد خان المظفر دائما

جناب فیض بخشای عالم ایجاد تنزه ذاته عن وصمة الحلول والاتحاد[2] حضرتلرینك
علو عنایت بیغایتی وسید الانبیا وسند الاصفیا حضرت محمد المصطفی علیه وعلی
آله واصحابه افضل الصلوة والسلامك سمو معجزات کثیرة البرکاتیله بنکه اشرف
البلدان و الاماکن و اسعد الامصار والمدآین II. قبلهٔ جوامع عالم ومحراب توجهات
بنی ادم اولآن مکهٔ مکرمه ومدینهٔ منوره وحرم مسجد اقصی وقدس شریف مبارکك
خادم وحاکمی و رشك انداز قلوب سلاطین جهان اولان بلاد ثلثهٔ معظمه که اسلامبول
وادرنه وبروسه در انلرك وشام جنت مشام ومصر نادرة العصر بیهمتا وکلیا عربستان
III. وافریقیه وبرقه وقیروان وحلب الشهبا وعراقین عرب وعجم وبصره ولحسا

---

[1] Im Original fehlen die Punkte über dem ت zu حمایت.

[2] Vgl. oben S. 37, Anm. 1.

وديلم ورقه وموصل وشهرزور ودياربكر وذو القدريه وولايت ارضروم وسيواس وادنه
وقرمان ووان ومغرب وحبش وتونس وطرابليس[1] شام وقبريس[1] وردوس وكريد
وموره واق دكز IV. وقره دكز وجزاير وسواحليله ديار اناطولى وممالك روم ايلى
وخصوصا بغداد دار السلام وجميعا كردستان وروم وترك وتاتارستان وجراكسه
وقبارطيان وكورجستان ودشت قپچاق وايلات تاتاره داير ⟨و⟩اولحواليلرده واقع
عموما صغناق V. وولايت كفه واطرافنده كائن جمله اويماق ومضافاتيله عموما بوسنه
وقلعهٔ بلغراد دار الجهاد وصرپ حكومتى وانده اولان قلاع وحصون وبلاد ارنودلق
وبالتمام افلاق وبغدان وحواليسنده واقع معاقل وثغور وتعريف وتوصيفدن
مستغنى نيچه بقاع وقلاع VI. وامصارك پادشاه معدلت پناهى وشهنشاه نصرت
دستكاهى اولان السلطان ابن السلطان والخاقان ابن الخاقان السلطان مصطفي
خان ابن السلطان الغازى احمد خان ابن السلطان محمد شاهم طرف همايون
خلافتمقرونمزدن افتخار الامراء العظام العيسويه VII. مختار الكبراء الفخام المسيحيه مصلح
مصالح جماهير الطائفة النصرانيه ساحب اذيال الحشمة والوقار صاحب دلائل
المجد و الاعتبار حالا پروسيا قرالى ومارقرويوس براندهبورق وروما ايمپراطورلغك[2]
باش قمرارى[3] وهرسك وپرنج وسلزيانك باش دوقهسى وسائر ولايتلرك VIII. حكمدارى
حشمتلو مكنتلو فريدهريقوس ختمت عواقبه بالخير و الرشاد والهم اليه سبيل الصواب
والسداد توقيع رفيع همايونمز واصل اوليجق معلوم اولا كه ملجأ سلاطين عظام وملاذ
خواقين كرام اولان استان رصين البنيان راسخ الاركانمزه اولان وفور صداقت
واخلاصكز مقتضاسى اوزره استانهٔ معالى اشيانهمزده اقامت ايتمك ايچون بعث IX.
وتسيير اولنان محافظهكزه مأمور عسكركزك مايورى اولوب اطوارى مجرب ومظهر
حسن ظنكز اولان قدوة امراء الملة المسيحيه يوخنا خرستوفورو[4] ده سكلين
ختمت عواقبه بالخير X. اورته ايلچلك رتبهسيله در عليهمه واصل اولوب كتورديكى
نامهٔ صداقت علامه وهديهٔ تخصصانهكز دأب ديرين سلطنت سنيهمز اوزره دستور اكرم

[1] Hier wohl in Anlehnung an die italienische Schreibweise Tripolis; sonst طرابلس; ebenso قبريس = قبرس. [2] Vgl. oben S. 62, Anm. 5.

[3] Sonst: قمراريوسى. [4] Im Original steht ق statt ف.

مشير افخم نظام ٱلعالم ناظم مناظم ٱلامم مدبّر امور ٱلجمهور بٱلفكر ٱلثّاقب متمم
مهام ٱلانام بٱلرّأى ٱلصّائب ممهّد بنيان الدّولة XI. وٱلاقبال مشيّد اركان ٱلسّعادة
وٱلاجلال مرتّب مراتب ٱلخلافة ٱلكبرى مكمّل ناموس ٱلسّلطنة ٱلعظمى المحفوف
بصنوف عواطف ٱلملك ٱلاعلى وزير اعظم ستوده شيم ووكيل مطلق صداقت علمم
محمّد[1] پاشا ادام ٱلله تعالى اجلاله وضاعف بٱلتّأييد اقتداره و اقباله وساطتيله پايهٔ
سرير شوكتمصير شاهانهمه عرض وتلخيص XII. اولنوب ترجمهٔ نامهٔ خلوص علامهكزك
مضمون مصافات نمونىده ايلچى مومى اليهك مأموريتى مجرّد طرف همايون ملوكانهمزه
اولآن وُدّ درون مخالصت مشحونكزى تجديد وخلوص ضميركزى تأكيد ودولتينه نافع
لوازم دوستلق ومصافاتك تزآيد واستحكامى ايچون طرفكزدن عرض وانهاسنه
XIII. مأمور اولديغى امور وخصوصه مساعدهٔ همايونمز مبذول قلنمسى التماس
ورجا اولنمش التماسكز اوزره ايلچىء مومى اليهك رتبهٔ مذكوره ايله استانهٔ عليّهمزده
مكث واقامتنه اذن ورخصت ملوكانهمز بيدريغ اولوب وبوندن اقدم در عليّهمزده
مقيم اولآن قدوة امراءِ ٱلملّة المسيحيّه XIV. ده رسكين[2] ختمت عواقبه بٱلخير دخى
خدمت سفارتى مزيد آداب واستكانت ايله ادا ولوازم مصافاتى اتمام واجرا
ايدوب طرفكزه مأذون عود وانصراف اولمغله اشبو نامهٔ همايون شوكتمقرونمز
شرفبخش صدور اولوب مومى اليه ايله ارسال اولنمشدر لدى ٱلوصول مابينده
انعقاد پذير اولآن[3] XV. ضوابط مصافات وروابط مصادقت وموالاة لازمهسنجه
عهدنامهٔ همايونمزك شرايطنى اولجانبدن وقايه ومحافظهيه صرف سعى اولندقجه
جانب سلطنت سنيّهمزدن دخى مراسم صفوت وموالاته رعايت وتجّار وزوّارينك
دخى هرحالده حمايت وصيانت XVI. وامن وسلامتلرى خصوصنه سعى وبذل

---

[1] Muhsinzāde Mohammed Pascha war am 8. Zil-qa'de 1179 = 19. IV. 1766 zum ersten Male Großwesir geworden. Vgl. über ihn: Hadiqat-el wuzarā II, S. 12 ff.; سجل عثمانى IV, S. 757; Hammer, 1. Aufl., Bd. VIII, S. 284 (die bei Hammer am Rande gegebenen Jahreszahlen müssen auf einem Irrtum beruhen).

[2] Schreib- oder Hörfehler für ركسين.

[3] اولآن ist im Original später zugesetzt.

همّت و بين ٱلدّولتين مستحكم اولآن دوستينك حفظ ووقايهسنده اهتمام ودقّت
اولنهجنى معلوم اوله وٱلسّلام على مَن اتّبع ٱلهُدى تحريراً فى اوآئل ذى ٱلحجة
الشّريفه سنه تسع وسبعين ومائة والف

بمقام
دارٱلسّلطنة العليّة
اسلامبُول
المحروسة
المحميّة

Schreiben des Sultans ʿAbd ül-Hamīd I. an König Friedrich II.

17. Zil-qaʿde 1187 (30. Januar 1774). Original im Pr. Geh. Staatsarchiv zu Berlin. Reg. XI 275 Türk. fasc. 6. Format: 170,5 × 79 cm. (Vgl. Tafel VI.)

VI.

Ṭughrā:

عبد الحميد بن احمد خان المظفر دائما

جنآب فيض بخشآى عآلم ايجآد تنزّهت ذآته عن وصمة الحلول والاتحآد[1]
حضرتلرينك علّو عنآيت بى غايآتى وسيّد الانبيا وسند الاصفيآ حضرت محمّد
المصطفىٰ عليه وعلى آله وصحبه افضل السّلآم والتحيآتك سمّو معجزآت كثيرة
البركاتيله بنكه اشرف البلدآن والامآكن .II وابرك الامصآر والمدآين قبلهٔ جملهٔ
عآلم ومحرآب توجه بنى آدم اولآن مكهٔ مكرمه ومدينهٔ منوره وقدس شريف
مبآركك خآدم وحآكمى وحسرة[2] الملوك اولآن بلآد ثلثهٔ معظمه كه اسلآمبول
وادرنه وبروسهدر انلرك وشآم جنت مشآم ومصر نادرة العصر بى همتآ وكليّاً
عربستان وافريقيه وبرقه .III وقيروآن وحلب الشهبآ وعرآق عرب وعجم وبصره
ولحسآ وديلم ورقه وموصل وشهرزور وديآربكر وذوالقدريه وولآيت ارضروم
وسيوآس وادنه وقرمآن ووآن ومغرب وحبش وطونس وطرآبلس شآم وقبريس
وردوس وكريد وموره واق دكز وقره دكز وجزآير وسوآحليله ديآر آناطولى
.IV وممالك روم ايلى وخصوصًا بغدآد دآر السّلآم وجميعًا كردستآن وروم وترك

[1] Vgl. oben S. 37, Anm. 1.
[2] Vgl. Babinger in: Le Monde oriental, Jg. 1920, S. 130, Anm. 4.

وتاتارستان وچراكسه وقبارطيان وكورجستان ودشت قبجاق[1] وايلات
تاتاره دائر اولحواليلرده واقع عموما صغناق وولايت كفه واطرافنده واقع جملهٔ
اويماقان ومضافاتيله عموما بوسنه وقلعهٔ بلغراد دار الجهاد V. وصرپ حكومتى
وانده اولان قلاع وحصون وبلاد ارنودلق وبالتمام افلاق وبغدان واطرافنده
واقع معاقل وثغور وتعريف وتوصيفدن مستغنى نيجه بقاع وامصارك پادشاه معدلت
پناهى وشهنشاه نصرت دستكاهى اولان السلطان ابن السلطان والخاقان ابن الخاقان
السلطان عبدالحميد خان ابن السلطان الغازى احمد خان ابن السلطان محمد شاهم كه VI.
طرف همايونمدن افتخار الامراء العظام العيسويه مختار الكبرا الفخام المسيحيه مصلح
مصالح جماهير الطائفة النصرانيه ساحب اذيال الحشمه والوقار صاحب دلائل
المجد والاعتبار حالا پروسيا قرالى ومارقرويوس برانده‌بورق VII. وروما
ايمپراطورلغنك باش قمراريوسى وهرسك وپرنج وسلزيانك باش دوقه‌سى وسائر
ولايتلرك حكمدارى حشمتلو مكنتلو فريده‌ريقوس ختم الله عواقبه بالخير و الرشاد
والهم اليه سبيل الصواب والسداد توقيع رفيع همايون واصل اوليجق معلومكز
اولاكه برادر امجدم خداوندكار سابق VIII. سلطان مصطفى خان عليه الرحمة
والغفران بوخلالده كلشنسراى بقايه رحلت ودار الخلد عقبايه انتقال وعزيمت
ايلديكنه بناءً جناب مالك الملك والملكوت تقدست ذاته عن وصمة الحدوث
والناسوتك مواهب كاملهٔ بى غاياتى وايكى جهان كونشى سلطان سرير رسالت
وپادشاه كشور نبوت مفخر الانبيا وسند الاصفيا IX. حبيب خدا شفيع يوم جزا
محمد المصطفى عليه من الصلوات الناميات ازكاها ومن التحيات الساميات انماها
حضرتلرينك دستيارىء معجزات شاملة البركاتى ايله جاه عظمت پناه خلافت
وجهانبانى وامر جلالت دستكاه سلطنت وكيتى ستانى ذات نصفت سما تميزه
بالارث والاستحقاق X. ميسر واشبو بيك يوز سكسان يدى سنه‌سى شهر ذى
القعده الشريفه‌سنك سكزنجى مبارك جمعه كونده تخت عاليبخت عثمانى واورنك
عدالت رخت شوكت نشانى اوزره جلوس ميامن مانوس همايونمز مقرر اولوب جمله

[1] Vgl. oben S. 65, Anm. 1.

ممالك محروسه‌مزده مجمع مؤمنين ومعبد مسلمين اولان جوامع قدس لوامعك منابر
شرف .XI مأثرنده نام سامی واسم كرامیمده خطبه‌لر اوقنوب ودار الضرب
نقود نامعدود اولان محللرده وجوه دنانير ودراهم اسم سعادت[1] رسممز ايله
سكه‌لر اوريلوب احكام منيفهٔ معدلت التزاممز كافهٔ ممالك فسيحة المسالكمزده جارى
واشعهٔ خوشتد عدل ودادمز لمعانيله ظلمت ظلم وستم زائل ومتوارى اولمغله
بعون الله .XII الوهّاب وقوع بولان جلوس همايون فيض اكتسابمز دولت عليه‌مز
ايله رابطه بند صلح ومصافات ومؤسس قواعد سلم وموالات اولان ملوك
ستوده سلوكه اعلان واشعار ديدنهٔ قديمهٔ اسلاف شرف دثارمز اولمغين بو عادت
جميله مراعاتيله جلوس بهجت مانوسمزك پيام مسرّت .XIII ارتسامنى اعلام
واخبار ايچون اشبو نامهٔ همايون ملاطفتمقرونمز اصدار واستانه دولت آشيانه‌مزده
مقيم ايلجيكز قدوة امراء الملة المسيحيه سكلين ختمت عواقبه بالخير وساطت ايله
ارسال اولنمشدر ان شا الله تعالى لدى الوصول خاندان شامخ الاركان ودودمان
راسخ البنيانمز ايله .XIV مستحكم وپايدار ومشيد واستوار اولان عهود صادقه
وشروط وائقه مقتضاسنجه واقع اولان جلوس همايونمزدن دوستلغه لايق مسرت
بينهايه اظهار وتحت حكومتكزده اولان حكّام مملكت واعيان ولايتكزه اشعار
ايدوب مابينده منعقد ومستحكم وطرفينده مرتبط ومرتسم اولان شرائط عهد
و پيمان .XV ووثايق ضوابط سوكند وايمان زمان سعادت اقترانمزده دخى بر
اسلوب سابق مقرر ومعتبر طوتيلوب مادامكه طرفكزدن صلح وصلاح مستلزم
الفلاح رعايتده قصور ظهور ايلميه جانب همايونمزدن دخى وجهًا من الوجوه
خلافنه جواز كوسترلميوب مابينده موثوق ومستحكم اولان مصافات وموالاتك
.XVI مراسمى كما هى حقها مراعات اولنمه‌سى[2] باعث اسايش رعاياى طرفين
وسبب آرامش اهالى جانبين ايديكى بى اشتباهدر والسلام على من اتبع الهدى تحريراً
فى اليوم السابع عشر من شهر ذى القعدة الشريفه سنه سبع و ثمانين ومائة والف
بمقام قسطنطنيه

بمشتاى

شملى

---

[1] Im Original fehlen die Punkte über dem ت von سعادت.

[2] Eigentümliche Schreibweise für اولنمسى.

Vertragspunktation.

بسم الله الرحمن الرحيم

سبب تحرير وثيقه وباعث تفصيل نميقه اولدركه

دولت عليهٔ عثمانيه وسلطنت سنيهٔ خاقانيه ايله طرح اساس مصافاته اظهار ميل ورغبت ايدنلر حقلرنده ابواب دوستى كشاده واثواب موالات وآشتى آماده قلنمق مقتضاى شيمهٔ كريمهٔ حضرت سلاطين عدل آيين وقاعدهٔ مستديمهٔ سلطنت عظماى ابد قرين ايدوكى مستغنى عن التبيندر بناءً عليه افتخار الامراء العظام العيسويه مختار الكبراى الفخام المسيحيه مصلح مصالح جماهير الطائفة النصرانيه حالا پروسيا قرالى ومارقرويوس براندهبورق وروما ايمپراطورلغنك قامراريوسى وهرسك وپرنج وسلزيانك باش دوقهسى وسائر ولايتلرك حكمدارى حشمتلو مكنتلو فريدهريقوس ختم الله عواقبه بالخير والرشاد دخى دولت عليهٔ روز افزون ايله دوستلق ومحبت طريقنك مسلوك اولمسى ارادهسيله كندو طرفندن معتبر بكزادهلرندن محرم اسرارى ومشاورى قدوة اعيان الملة المسيحيه قارلو ادلف ركسين ختمت عواقبه بالخيرى موقف جاه وجلال عثمانيه اولان درعليهٔ خلافت قراره ارسال ومجدداً تمهيد لوازم امر مصالحهيه اظهار خواهش ورغبت ومواد دوستى ومصافاتى مذاكره وعقد ايچون مومى اليهه ممهور سند ورخصت ويروب ركاب كامياب حضرت جهاندارىيه وكذلك طرفمزه نامه ومكتوب ايله مرقومى بعث وارسال ومراد اولنان كيفيت مكالمهنك حسن اتمام وحصولنى التجا واستسآل ايتمكله دأب ديرين سلطنت ابهت مكين اوزره وكالت مطلقهمز حسبيله ارسال اولنان نامهٔ دوستى علامهسى وذكر اولنان مرام وملتمساتى بتأييد الله الملك البارى حالا آفاق شرق وغرب واقطار جنوب وشمالده اوامر واحكامى نافذ وجارى اولان سلطان سلاطين اسلام برهان خواقين انام تاج بخش خسروان دوران هادم اساس ظلم وعدوان ظل الله الملك المنان پادشاه عدالت پناه وشهريار انجم سپاه شهنشاه خلافت دستگاه خادم الحرمين الشريفين مالك البرين والبحرين شوكتلو عظمتلو قدرتلو كرامتلو مهابتلو ابهتلو ولى نعمتم افندم پادشاهم السلطان ابن السلطان والخاقان ابن الخاقان السلطان مصطفى خان ابن السلطان احمد خان ابن السلطان محمد خان اعزّ الله انصاره واطال بالتأييد اعوامه واعصاره حضرتلرينك پايهٔ سرير اعلا وركاب مستطاب شوكت انتمالرينه عرض وتلخيص اولندقده ملتمسات مذكورهيه دوست اولان دول سائرهنك مواد مصافاتى اسلوبى اوزره

محذوردن عاری اولور وجهله نظام ویرلمسی قرین مساعدۀ علیۀ جهانبانی بیوریلوب
رخصت کاملۀ متحققه‌مزدن ناشی رأی واشارت ومعرفت ونظارتمز موجبنجه
بالمذاکره مادّه بمادّه تصفیه وتسویه اولنه‌رق عون وعنایت سبحانیه ایله سکز مادّه
وبر خاتمه اوزرینه طرفیندن قرار داده اولوب مرخص مومی الیهك اولیکلدیکی
وجهله ایتالیان لسانی اوزره ویردیکی تمسك دخی بعد الترجمه تکرار پایۀ سریر
شوکتمصیر حضرت ضل[1] اللهیه عرض وتقدیم اولندقده مستصوب ومستحسن
کورلمکله بروجه محرر وکالت مطلقه ورخصت کاملۀ متحققه‌مزه بناءً قبولنی مشعر
بکزاده مومی الیهه ویرلان مصالحه موادی تمسکیدرکه ذکر اولنور وشرح وعیان قلنور

[Es folgen die Artikel 1—8 mit dem gleichen Text wie in der Kapitulationsurkunde vom 24. Zil-hidjje 1174.]

خاتمه

پادشاه عالمپناه وشهنشاه خلافت دستکاه شوکتلو کرامتلو قدرتلو عظمتلو
ولی النعمتم افندم پادشاهم حضرتلریله حشمتلو قرال مشارالیه بیننده اشبو عقد
اولنان شروط مصالحه بلا خلل حفظ ومراعات اولنه وطرفینك اهالی ورعایاسی
بیننده آثار دوستی ومصافات نمایان اولمق ایچون اعلاننه بوکوندن مباشرت اولنوب
طرفینك داخل حکومتلرنده اولنلره اخبار اولنه واشبو ایکی دولت بیننده عقد
اولنان مواد درت آیه دکین ویاخود دخی مقدمجه تصدیق اولنه ایمدی بالاده مذکور
سکز مادّه وبر خاتمه شرط و ربط اولدیغی اوزره قرار داده اولمقله ان شاء الله الملك
العلام سعی واهتمام جانبین وصدق طرفین ایله مدت مرقومه‌ده تصدیق نامه‌لرك
مبادله‌سی برله پذیرای حسن ختام اولمق ایچون اشبو تمسك ترقیم واملا ومهر
وامضامز ایله مختوم وممضی قلنوب بالمبادله مرخص مومی الیهك یدینه تسلیم
واعطا اولندی تحریرًا فی اواخر شهر شعبان المعظم سنه اربع وسبعین ومائة والف

المستمد من الله الاکرم
محمد راغب الوزیر الأعظم

مقابله شد

[1] Bekanntlich in späterer Zeit nicht ungewöhnliche Schreibung statt ظل.

Kapitulation des Sultans Muṣṭafā III. an König Friedrich II.

vom 24. Zil-hidjje 1174 (27. Juli 1761). Original im Pr. Geh. Staatsarchiv zu Berlin. Reg. XI 275 Türk. fasc. 6. Format: 289 × 79,6 cm. (Vgl. Tafel VII).

Ṭughrā:

مصطفى بن احمد خان المظفر دائما

چون حضرت خداوند مالك الملك لايزال وجناب مفيض الجود والنوال
جلّ شانه عن الشّبيه[1] والمثال وتقدّست ذاته عن تطرّق الزّوال والانتقالك
ارادت عليّهٔ ازليّه وعنايت بيغايت لم يزليّهسى وسلطان الانبيا وسيّد الاصفيا عليه
وعلى اله و اصحابه افضل التّحيّاتك علو معجزات .II كثيرة البركاتيله بنكه اشرف
البلدان والاماكن وايمن المداين والمساكن قبلهٔ جملهٔ عالم ومحراب عامّهٔ موحّدين بنى
آدم اولان مكّهٔ مكرّمه ومدينهٔ منوّره‌نك خادمى وقدس شريف مباركك خانى
وحاكمى[2] وحسرة الملوك اولان بلاد ثلثهٔ معظمه كه اسلامبول وادرنه وبروسه دروشام
جنّت مشام .III وبغداد دار السّلام ومصر نادر[3] العصر بى همتا وكليّا عربستان
وحلب الشّهبا وعراق عرب وعجم وبصره ولحسا وديلم ورقّه وموصل وشهرزور
ووان ودياربكر وذوالقدريّه وكردستان وولايت ارضروم وسيواس وآدنه وقرمان
ومغرب وحبش وتونس وطرابلس شام .IV وقبرس وردوس وكريد وموره وآق
دكز وقره دكز وجزاير وسواحل دريا واناطولى وممالك روم ايلى وخصوصا ممالك
تاتار ودشت قبچاق وولايت كفه واوحواليده اولان جمله اويماق وديار بوسنه
وقلعهٔ بلغراد دار الجهاد وبالتّمام ممالك افلاق وبغدان وتعريف وتوصيفدن مستغنى
.V نيجه بقاع وبلدانك پادشاه معدلت پناهى وشهريارانجم سپاه وشهنشاه نصرت
دستگاهى السّلطان ابن السّلطان والخاقان ابن الخاقان السّلطان مصطفى خان ابن
السّلطان احمد خان ابن السّلطان محمّد خانم كه منشور سعادت سلطنتم توقيع رفيع
سلطان البرّين ايله موقّع ومزيّن .VI ومثال بيمثال خلافتم عنوان سعادت نشان
خاقان البحرين ايله موشّح ومعنوندر لاجرم شكرا على هذه النّعم ملجا سلاطين عالى

[1] Sic! [2] Vgl. oben S. 55 Anm. 1.

[3] Das ة ist wohl irrtümlich ausgelassen, da in den anderen Urkunden richtig نادرة steht.

تبار وملاذ خواقين ذوى الأعتبار اولان عتبۀ عليۀ دولتمدار وسدۀ سنيۀ ابهت قرارمزه
ايله طرح اساس مصافاته اظهار ميل ورغبت ايدنلر حقلرنده ابواب دوستى كشاده
واسباب موالات وآشتى آماده قلنمق مقتضاى شيمۀ كريمۀ سلطنت سنيه‌مز VII.
ايدوكى بياندن مستغنى اولمغله بناءً على ذلك افتخار الامراء العظام العيسوية مختار
الكبراء الفخام المسيحية مصلح مصالح جماهير الطائفة النصرانية ساحب اذيال الحشمة
والوقار صاحب دلائل المجد والأعتبار حالا پروسيا قرالى VIII. ومارقرويوس
براندەبورق وروما ايمپراطورلغنك باش قراريوسى وهرسك وپرنچ وسلزيانك
باش دوقه‌سى وسائر ولايتلرك حكمدارى حشمتلو مكنتلو فريده‌ريقوس ختمت
عواقبه بالخير والرشاد واحسن اليه سبيل الصواب والسداد دخى بوندن مقدم
دولت عليۀ روز افزونمله IX. دوستلق ومحبت طريقنك مسلوك اولمسى اراده‌سيله
كندو طرفندن معتبر بكزاده‌لرندن محرم اسرارى ومشاورى قدوة اعيان الملة
المسيحية قارلو ادلق[1] ركسين ختمت عواقبه بالخيرى موقع جاه وجلال اولان
در دولتمدار خلافت قرارمزه ارسال و مجدداً تمهيد لوازم امر مصالحه‌يه اظهار
X. خواهش ورغبت ومواد دوستى ومصافاتى مذاكره وعقد ايچون مومى اليه
ممهور سند ايله رخصت ويروب ركاب مستطاب خسروانه‌مزه بعث وارسال
وتسويه‌سى مراد اولنان كيفيات مكالمه‌نك پذيراى حسن نظام وختام اولمسنى التماس
واستسآل ايتمكله ارسال اولنان نامۀ دوستى علامه‌سى XI. وذكر اولنان مرام
ملتمساتى دأب ديرين سلطنت ابد مكنتمز اوزره دستور اكرم مشير افخم نظام العالم
ناظم مناظم الأمم مدبر امور الجمهور بالفكر الثاقب متمم مهام الانام بالرأى الصائب
ممهد بنيان الدولة والاقبال مشيد اركان السعادة والاجلال مرتب مراتب الخلافة
الكبرى مكمل ناموس السلطنة العظمى XII. المحفوف بصنوف عواطف الملك الاعلى
حالا صدر اعظم مرغوب الشيم ووكيل مطلق صداقت علمم راغب محمد پاشا ادام
الله تعالى اجلاله وضاعف بالتأييد اقتداره واقباله وساطتيله اولوقت پايۀ سرير
سلطنت مصيرمزه عرض وتلخيص اولندقده ملتمسات مذكوره‌يه دوست اولان

[1] In den anderen Urkunden steht richtig ادلف; hier Schreibfehler.

XIII. سائر دولك موادّ مصافاتى اسلوبى اوزره محذوردن عارى اولور وجهله
نظام ويرلمسى طرف همايون رأفت مشحونمزدن قرين مساعفه اولوب شرف
افزاى صدور اولان اذن همايونمز موجبنجه صدر اعظم ومشير افخم مشاراليهك
رأى واشارتى ومعرفت ونظارتى ايله بالمذاكره مادّه XIV. بمادّه تصفيه وتسويه
اولنه‌رق سكز مادّه وبرخاتمه اوزرينه طرفيندن قرار داده اولوب مرخّص مومى
اليهك اوليكلدوكى وجهله اتاليان لسانى اوزره ويرديكى تمسّك دخى بعد الترّجمه
تكرار پايهٔ سرير شوكتمصير ملوكانه‌مزه بعد العرض و الأشعار[1] مستصوب ومستحسن
كورلمكله XV. معتاد اوزره تمسّكلر مبادله اولنمشيدى الحالة هذه بر وجه محرّر
مبادله اولنان تمسّك قرال مشاراليه طرفندن قبول وتأييدينى حاوى كلان
تصديقنامه‌سنى وكذلك ترجمه‌سنى صدر اعظم ستوده شيمم مشار اليه دركاه مكرمت پناه
جهانبانيمزه عرض و تلخيص ايدوب XVI. جمله‌سنى على وجه الكامل علم عالمشمول
پادشاهانه‌مز محيط وشامل اولدقده مجرّد قرال مشار اليهك دوستلق ومودّته
اولان ميل ورغبتنه بنآء عنايت ريزصدور اولان خطّ همايون شوكتمقرونمز
موجبنجه عقيد مصالحه‌يه فرمان همايونمز اولمغين اشبو نشان شريف عاليشان
XVII. وعهد منيف جلادت عنوانمز شرف افزاى املا ومرخّص مومى اليهك
يدينه تسليم واعطا اولنمغله يرلويرنده رعايت وصيانت اولنمق ايچون اشبو سكز
مادّه دركه ذكر اولنور[2] اوّلكى مادّه دولت عليّه ايله پروسيا قرالي بيننده مصالحهٔ
مؤكّده ودوستلق ومصافات XVIII. جارى اوله ورعايا وبراياى جانبينك برًّا
وبحرًا بلا مانع تجارتلرى جائز اولوب پروسيا قرالنك بيراق وپاطنته‌سيله يوريان
اصل پروسيالو وملاح سفاينى ممالك محروسه اسكله وليمانلرينه امتعه واشيالريله
ورود ومكث وعودت ايلدكلرنده رنجيده اولنميوب XIX. وقضاءِ متضرّر اولان
سفاينك تعميرى جائز اولوب وكندو اقچه‌لريله كفاف نفسلر يچون [sic] صاتون
الدقلرى مأكولات ومشروبات ولوازم سائره‌لرينه ممانعت اولنميه وممنوعاتدن

[1] Lies: والإشعار.

[2] Die im Original durch Goldschrift hervorgehobenen Anfänge der einzelnen ماده sind in der Transkription durch Überstreichen kenntlich gemacht.

اولمیان امتعه واشیانك بیع وشراسنده پروسیا تجّارینه سائر دوست اولان دول
تجّاری XX. مثللو معامله اولنه وبوغاز حصارلرینه وسائر لیمان واسكله‌لره كلان
پروسیالو سفاینی سائر دوست اولان دولك سفاینی مثللو قبول وویریله كلان اوچیوز
اقچه سلامت اقچه‌سنی ادا ایلدكلر ندن صكره محدثات طلبیله رنجیده اولنمیه‌لر وپروسیا
سفینه‌سی دولت علیّه‌نك XXI. لیمان واسكله‌لرنده قره‌یه دوشدكده اولمحلّك ولاة
وحكّام وضابطانی تعدّیدن حمایت وغرقدن خلاص اولان امتعه واشیا
واثوابلری اصحابنه ردّ اولنمق اوزره قریب بولنان پروسیا قونسلوسلرینه تسلیم
ایتدرلمسنه دقّت ایدوب معتاد اولان اجرت عمله ونقلیّه‌دن XXII. غیری برنسنه
طلب اولنمیه واشیالری غارت اولنور ایسه بعد التفحّص بولدریلوب تماماً ردّ
وتسلیم ایلیه‌لر ایكنجی مادّه پروسیالو تجّاری وانلره تابع اولنلر كتوروب كوتوردكلری
امتعه واشیا ایچون سائر [دوست][1] اولنلر مثللو یوزده اوچ رسم كمركی جاری اولان
نقوددن ادا ایلدكلرندن صكره XXIII. زیاده نسنه طلب اولنمیه وكمرك امناسی
اشیالرینی ذكر بهاسندن زیاده بها تقدیر ایلمیوب وقیمتلرنده اوزلاشمدقلری حالده
یوزده اوچ اولمق اوزره عینی اشیا ویره‌لر پروسیا ایلچینك كندویه متعلّق اولان
امتعه واشیا واثوابندن وهدیّه‌سندن كمرك وباج طلب اولنمیه XXIV. وپروسیا
سفینه‌سنك حموله‌سنی اخراج ایلمك الویرمدیكی حالده جبر اولنمیه وسفینه‌سیله آخر
محلّه نقل مراد ایلدكلرنده ممانعت اولنمیوب بر نسنه طلب اولنمیه واكر بر مقدارینی
اخراج وقصورینی آخر محلّه نقل ایدرلر ایسه انجق اخراج اولنان اشیادن كمرك
طلب اولنه ورسم كمركی XXV. ادا اولنمش اشیایی دولت علیّه‌نك آخر لیمان
واسكله‌لرینه نقل ایلدكلرنده معموگ به ادا تذكره‌سنه اعتبار اولنوب تكرار كمرك طلب
ایلمیه‌لر و كمركه متعلّق معاملات آخری دخی سائر دوست اولان ملل حقّنده اولدیغی
كبی پروسیالویه دخی جائز اوله وپروسیالودن وآنلره تابع XXVI. اولنلردن رسم
قصّابیّه نامیله اقچه طلب اولنمیه اوچنجی مادّه ایكی دولتك جنك سفاینی بر برینه
مصادفه ایلدكلرنده سلاملشمق رسمی سائر دولك جنك سفاینی ایله اولیكلدوكی اوزره

[1] دوست ist im Original irrtümlich ausgelassen; i. d. begl. Abschr. enthalten.

اجرا اولنه و پروسیالونك تجار [sic] سفاینی دولت علیه‌نك جنك وتجار سفاینه تصادف
ایلدکلرنده معتاد اوزره دوستانه سلاملیوب یوللرندن آلیقونیموب جبراً بر نسنه XXVII.
طلب واخذ اولنمیه وپروسیا سفاینه عسکر وطوب وجبه خانه وبونك امثالی
مهمات سائره نقلیچون [sic] جبر اولنمیه ودولت علیه تجاری امتعه واشیالرینك
نقلیچون پروسیا XXVIII. سفاینی اجرت ایله طوتدقلرنده دول سائره ایله
جاری اولان معاملهٔ استیجاره رعایت ایده‌لر وپروسیالونك سفاینی ایله پروسیا
تجارلرینك کتوروب کوتوردکلری اشیالرندن رسم کمرك آلنه کلان اشیالرینك پروسیا
ایلچیلرینه وقونسلوسلرینه معتاد اوزره XXIX. عائد اولان قونسلولاته رسمی
بالتمام ادا ایلیه‌لر دُرْدنجی مادّه درسعادتده اقامت ایدن پروسیا ایلچیسی حقنده
سائر دوست اولان دول ایلچیلرینك مألوف اولدقلری سربستیت ومعافیت جاری
اوله وممالك محروسه‌دن هرقنغی اسکله ولیمان وآطه‌لرده دوست اولان XXX. دول
طرفلرندن قونسلوس ووکیللری وترجمانلری وارایسه پروسیا ایلچیلری دخی قونسلوس
وقونسلوس وکیللری وترجمانلر تعیین ودیلدکلرینی رفع ویرلرینه آخرینی نصب ایلیه‌لر
وآستانه‌ده مقیم ایلچیلرینك یاننده یالکز درت نفر وقونسلوسلری اقامت ایدن
یرلرده برر نفر XXXI. ترجمان استخدام ایلیه‌لر وقونسلوسلری وقونسلوس وکیللری
وترجمانلری وآمدشد ایدن کندو تجارلری و جنسلرندن اولان آدملری سائر دوست
اولان دولتك توابعی معافیتی مثللو معاف اوله‌لر بشنجی مادّه پروسیالو وآنلره تابع
اولنلر بیننده منازعه ظهورنده XXXII. پروسیا ایلچیلری ویاخود قونسلوسلری
کندو قاعده‌لری اوزره فیصل ویروب مادامکه کندولری بر مقتضای شرع شریف
کورمکه طالب اولمیه‌لر دولت علیه‌نك قضاة وحکامی البتّه بز کورورز دیو جبراً قارشمیه‌لر
وممالك محروسه‌ده مقیم پروسیا قونسلوسلری XXXIII. حبس اولنمیه وهرنه دعوالری
اولور ایسه ایلچیلری معرفتیله آستانهٔ سعادتمده کوریله ومنزللری مهرلنمیوب تفتیش
وتفحص اولنمیه ودولت علیه رعایاسیله پروسیالونك امور شرعیه‌لری وقوعنده ایلچیلری
ویاخود قونسلوسلری و یا وکیللری معرفتیله وترجمانلری وساطتیله XXXIV. شرعله
رؤیت اولنه پروسیالوی وآنلره تابع اولنلری اهل اسلام ویاخود دولت علیه

رعایاسی شرعه احضار ایلدکلرنده ترجمانلردن بری ویاخود وکیللری موجود
اولمدقجه جواب ایلمکه جبر اولنمیه وقونسلوسلرینك وترجمانلرینك درت بیك
اقجه‌دن زیاده اولان دعوالری **XXXV.** آستانهٔ سعادتده کوریله وبیع وشرایه
وکفالته متعلّق واستدانه اولنان اقجه خصوصلرنده اهل اسلام ورعایای دولت
علیّه پروسیالو وانلره تابع اولنلردن دعوا ایلدکلرنده حجّت شرعیّه ویاخود
معمولٌ به سند اولمدقجه زور شاهدلری استماع اولنمیه وعزیمت **XXXVI.** اوزره
اولان پروسیا سفینه‌سی نزاع وقوعنده در عقب قونسلوس وترجمان معرفتیله فیصل
ویریلوب بلا موجب تأخیر وتوقیف اولنمیه وپروسیالودن بری مدیون ویاخود
متّهم اولوب فرار ایلسه آخر پروسیالو مادامکه کفالتی اولمیه **XXXVII.** موآخذه
ورنجیده اولنمیه پروسیالو ساکن اولدیغی محلده مقتول کمسنه‌نك لاشه‌سی ظهورنده
پروسیالو اوزرینه شرعًا بر تهمت ثبوت بولمدقجه دم دیت طلبیله رنجیده اولنمیه
آلتنجی ماده نفس پروسیالو اولنلردن بر فردك اسیر اولمسی جائز اولمیه الّا دولت
علیّه‌یه دشمنلك اوزره اولان حربی عسکر ایله پروسیالو اثنای جنکده **XXXVIII.**
اخذ اولنور ایسه اسیر اولنمسی جائز اوله واکر حربی عسکر ایله بولنمش دکل
ایکن سهواً بر طریق ایله اسیر اولمش بولنور ایسه لدی المطالبه تفحّص اولنوب
پروسیالو ایدیکی ثابت اولدقده اطلاق اولنه **XXXIX.** وکذلك اهل اسلامدن
و یاخود دولت علیّه رعایالرندن بر فرد پروسیا دولتنده اسیر اولمیه واکر بو مقوله اسیر
بولنور ایسه بلا عوق وتأخیر اطلاق اولنه وپروسیالودن وتابعلرندن ممالك
محروسه‌ده بر کمسنه فوت اولدقده مخلّفاتی ورثه‌لرینه **XXXX.** تسلیم ایلمك اوزره
پروسیا ایلچیسی و یاخود قونسلوسی ضبط وبونلردن بری بولنمدیغی حالده شریکی
قبض ایلیوب حکّام وضابطان طرفلرندن مداخله اولنمیه وفوت اولدیغی محلده
پروسیالودن بر کمسنه بولنمدیغنده مخلّفاتی تحریر وسنداتی اولمحلّك حاکمی
طرفندن مهرلنوب حفظ وپروسیا ایلچیسندن قبضنه مأموراً وارنه بلا **XXXXI.**
بهانه تسلیم اولنوب رسم قسمت طلب اولنمیه وامر تجارتك حصول اسباب
نظامنه ودفع عوارض مخلّه‌سنه حسب الامکان سعی اولنه واجرای آیین خصوصنده

ومواد سائره‌ده XXXXII. سائر مستأمنلره نوجهله[1] معامله اولنور ایسه پروسیاو
حقنده دخی اولوجهله معامله اولنه یدنجی ماده بالاده مذکور دوستلق وتجارتی
حاویه مواد طرفیندن امضا اولندقدن صکره خلافنه وضع وحرکته جواز
ویرلمیوب کماینبغی مرعی XXXXIII. ومعتبر طوتیله ومواد مذکوره قرال مشار
الیهك تجاری ورعایاسی حقنده جاری اولدیغی کبی دولت علیه تجاری ورعایاسی
وتابعلری حقلرنده دخی جاری اوله سکزنجی ماده بوندن بویله اشبو مصافاتك
ثمره‌سی اولمق اوزره طرفینه نافع وخیرلو بعض XXXXIV. مواد حین اقتضاده
مذاکره وطرفینه محذوردن عاری اولدیغی وجهله تسویه وتنظیم ایله اشبو موادّه
الحاق اولنمق جائز اوله خاتمه دولت علیه‌مله حشمتلو قرال مشارالیه بیننده اشبو
عقد اولنان شروط مصالحه بلا خلل حفظ ومراعات اولنه XXXXV. وطرفینك
اهالی ورعایاسی بیننده آثار دوستی ومصافات نمیان اولمق ایچون اعلاننه بوکوندن
مباشرت اولنوب طرفینك داخل حکومتلرنده اولنلره اخبار اولنه ایمدی دولت
علیهٔ ابدمکنتمزه قرال مشار الیه طرفندن واعقاب XXXXVI. خصوصیت
انتسابلری جانبلرندن مادامکه اظهار مراسم صدق وولا وابراز لوازم عهد
ووفا حالاتنه مداومت اولنه جانب همایون شهنشاهانه‌مزدن دخی پیوند سوکند
خسروانه‌مز ایله تأیید روابط وثاق ایدرمکه من بعد طرف کامل الشرف
XXXXVII. پادشاهانه وکذلك اخلاف نصفت اتصاف ملوکانه‌مزدن ووزرای
عالیمقام وخدام ذوی الاحترامزدن سرمو خلافنه بر درلو جواز ورخصت
ویرلمیوب طرفیندن دائما تأکید اساس موالات وتشیید مبانیء خلوص ومصافات
ایچون XXXXVIII. اشبو نشان همایون وعهد عنایت مشحونمزك مضمون منیفی اوزره
عمل وحرکت اولنه تحریرا فی الیوم الرابع والعشرین من شهر ذی الحجة الشریفه لسنه
اربع وسبعین و مائة والف

بمقام
اسلامبول
المحروسه

م

[1] Sic! wohl توجهله

I

fasc. 1
(S. 57)

II

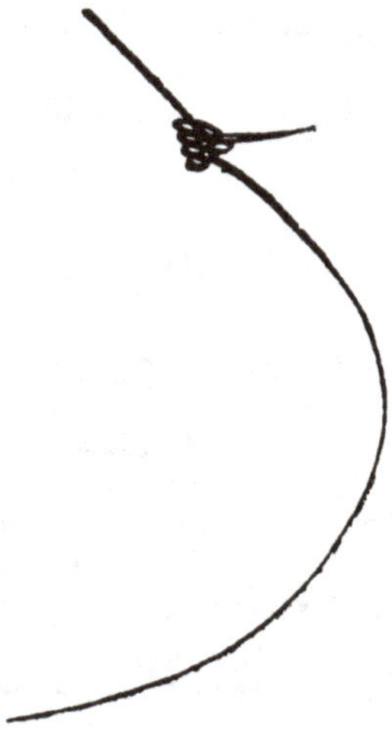

fasc. 4
(S. 61)

III

fasc. 5
(S. 65)

IV

fasc. 6
(S. 67)

V

fasc. 6
(S. 70)

VI

fasc. 6
(S. 75)

Scheel: Schreiben türkischer Sultane an preußische Könige.

II

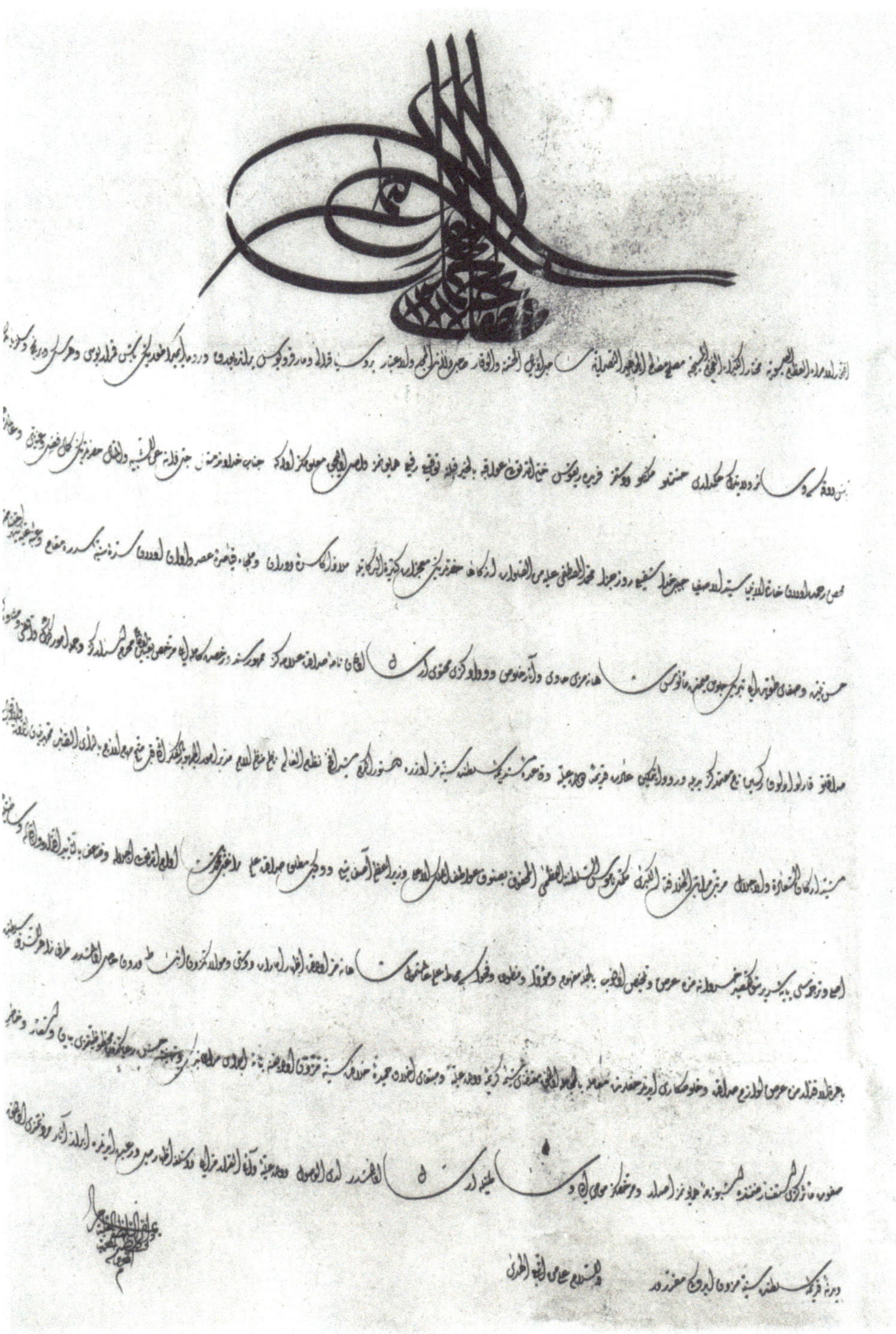

Scheel: Schreiben türkischer Sultane an preußische Könige.

Scheel: Schreiben türkischer Sultane an preußische Könige.

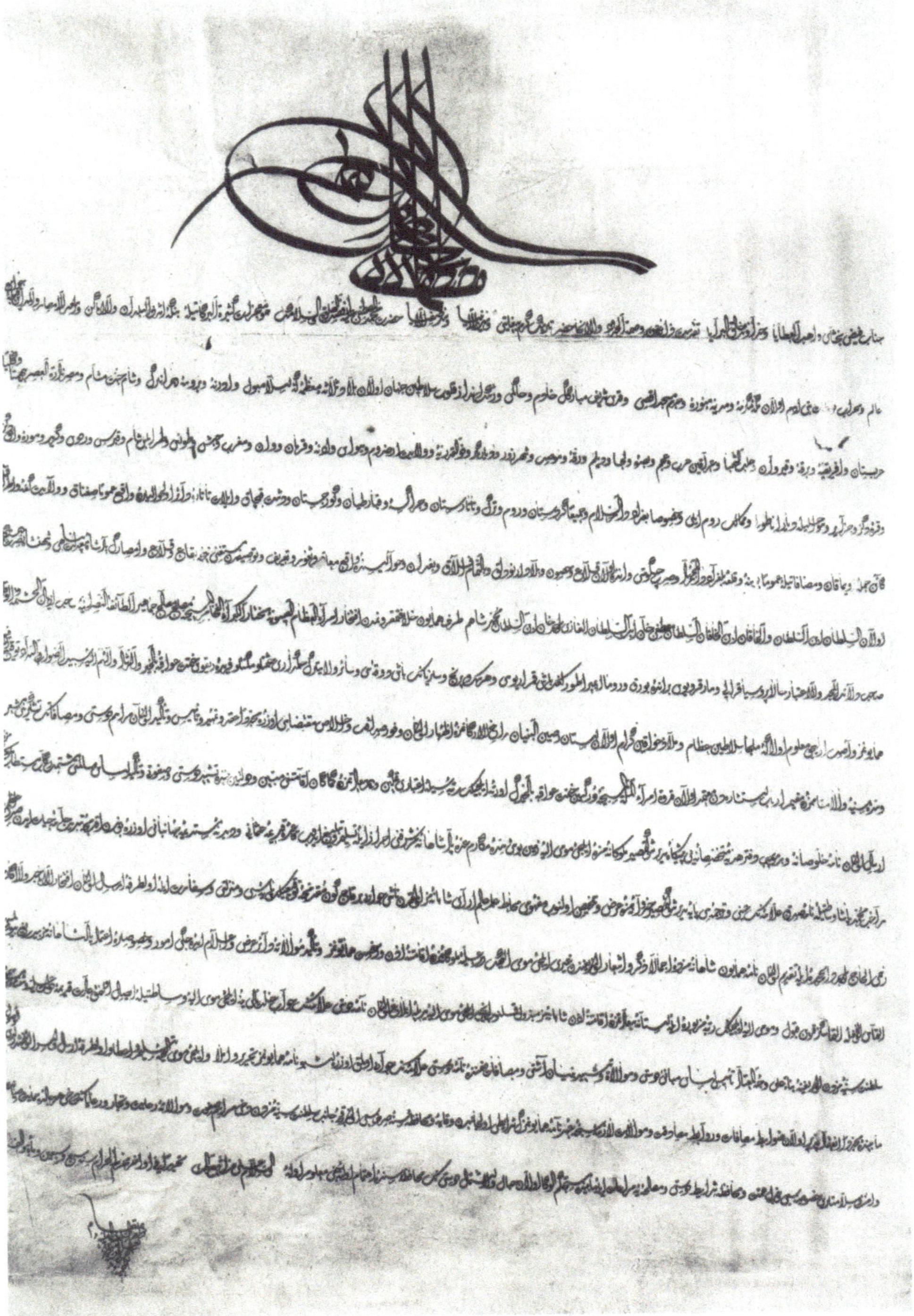

Scheel: Schreiben türkischer Sultane an preußische Könige.

Scheel: Schreiben türkischer Sultane an preußische Könige.

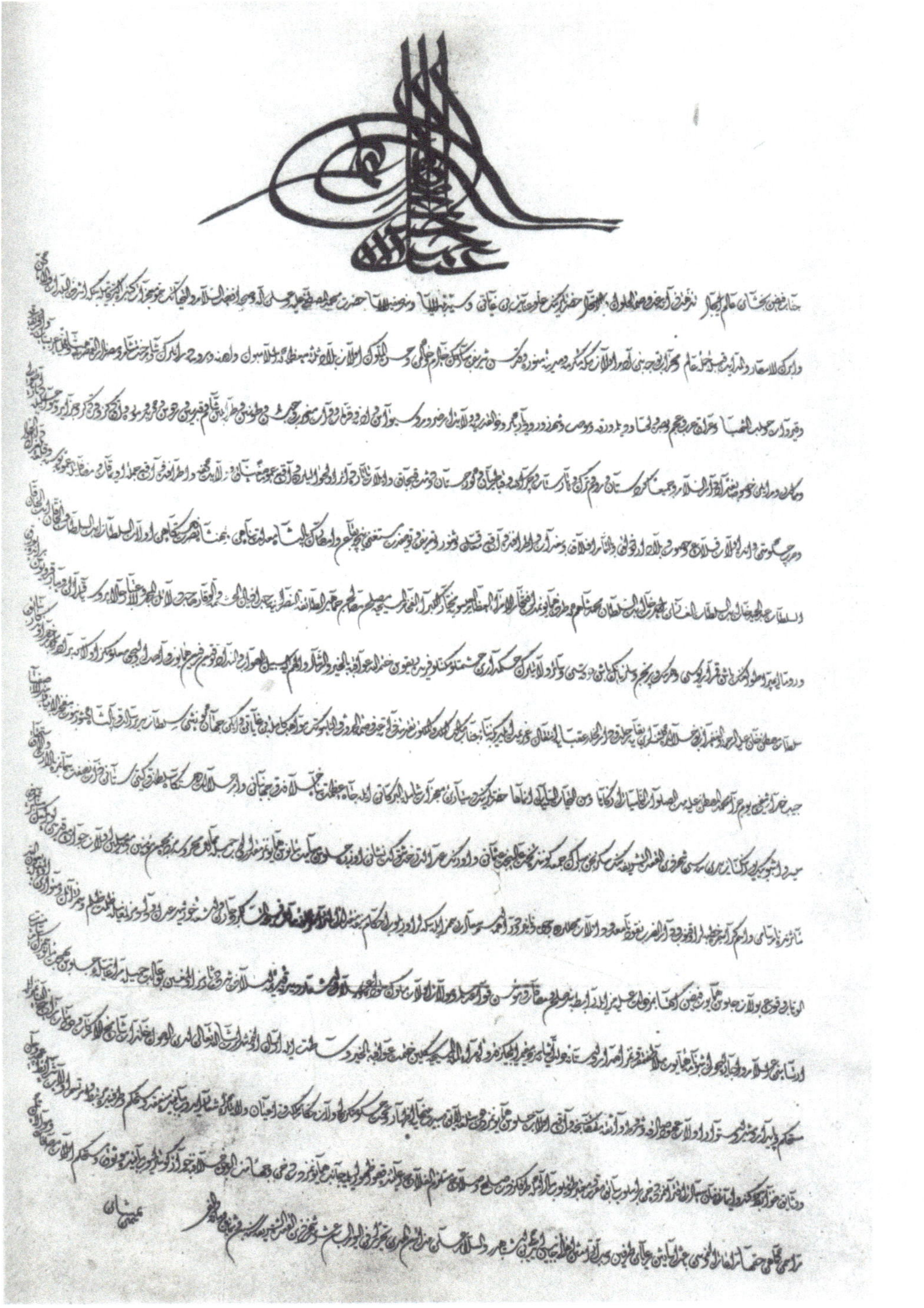

Scheel: Schreiben türkischer Sultane an preußische Könige.

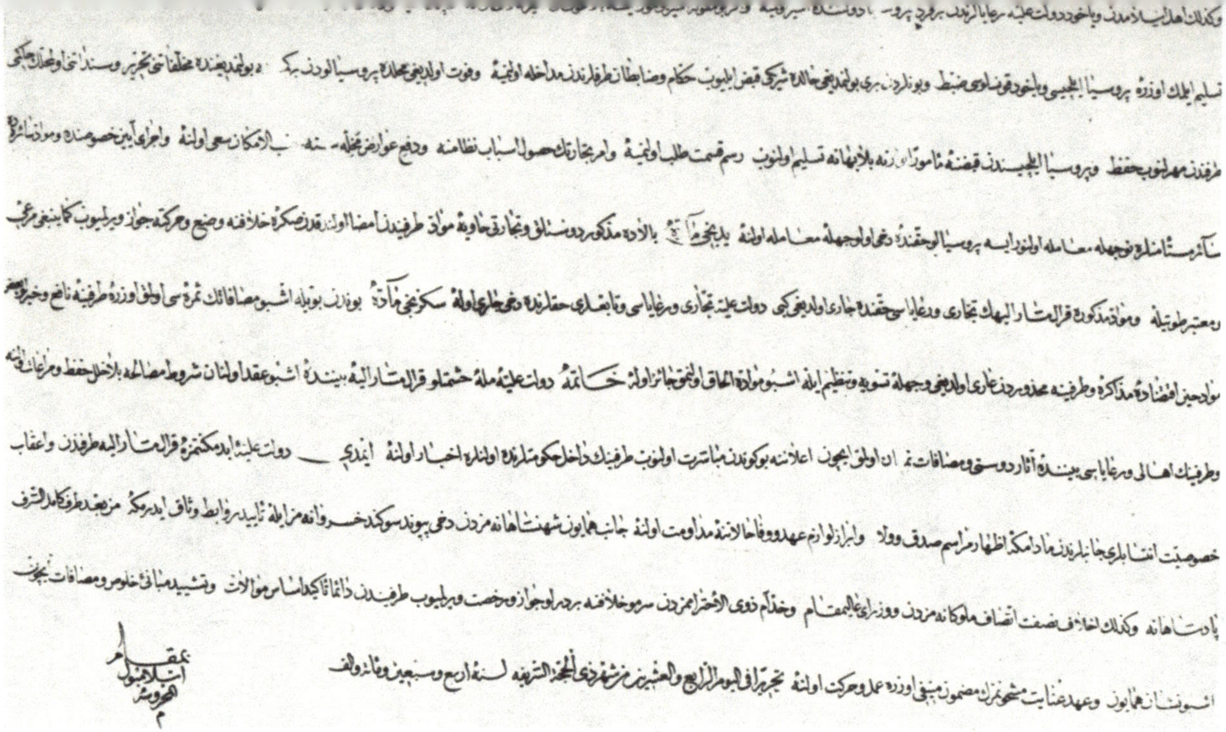

Scheel: Schreiben türkischer Sultane an preußische Könige.

و پروسیا سفینه‌سنك حمولەسی اخراج ایتدك الوب دیكر خانه‌یه جبر اولنمیه و سفینه مسیله آخر محله نقل مراد ایلدكلرنده ممانعت اولنمیوب برفنسه طلب اولنمیه و اكر بعضا اذن اخراج و قصور بعا آخر محله نقل ایدرلر ایسه انجق اخراج اولنان اشیادن رسم طلب اولنه و رسم حسب

اولوقتلرك اشیاسی دولت علیه‌نك آخر لیمان و اسكله‌لرینه نقل ایلدكلرنده معمول به اداتذكره‌سی اعتبار اولنوب تكرار … طلب ایلمیه‌لر و كمركه متعلق معاملات آخری دخی سائر دوست اولان ملل حقنده اولدیغی كبی پروسیا اولو به دخی جائز اوله و پروسیا اولوندن و آنلره تابع

اولانلردن رسم قضابیه نامیله آقچه طلب اولنمیه اوچنجی ماده ایكی دولتك جنك سفاینی بربرینه مصادفه ایلدكلرنده سلام ملتمسی دخی سائر دولتك جنك سفاینی ایله اولیكلدوكی اوزره اجرا اولنه و پروسیا الونك تجار سفاینی دولت علیه‌نك جنك و تجار سفاینه تصادف

ایلدكلرنده معتاد اوزره دوستانه سلام ملتمس اولوب … و پروسیا سفاینه عسكر و طوپ و جبه‌خانه و بونك امثالی مهمات سائره نقلیچون جبر اولنمیه و دولت علیه تجاری امتعه و اشیالرینك نقلیچون پروسیا

سفاینی اجرت ایله طوتدقلرنده دول سائره ایله جاری اولان معامله استیجاره رعایت ایده‌لر و پروسیا الونك سفاینی ایله پروسیا تجارلرینك كوتوروب كوتوردكلری اشیالردن رسم كمرك آلنه‌كلدن اشیالرینك پروسیا ایلچیلرینه و قونسولوسلرینه معتاد اوزره

عائد اولان قونسولاتو رسمی بالتمام ادا ایلیه‌لر دردنجی ماده درسعادتده اقامت ایدن پروسیا ایلچیسی حقنده سائر دوست اولان دول ایلچیلرینك مألوف اولدقلری سربستیت و معافیت جاری اوله و ممالك محروسه‌ده هرقنغی اسكله و لیمان و اطرافده دوست اولان

دول طرفلرندن قونسولوس و وكیللری و ترجمانلری وار ایسه پروسیا ایلچیلری دخی قونسولوس و قونسولوس وكیلری و ترجمانلر تعیین و دیلدكلری رفع و یرلرینه آخرین نصب ایلیه‌لر و آستانه‌ده مقیم ایلچیلرینك یاننده یا الكه‌ده ساكن و قونسولوسلری اقامت ایدن یرلرده بریرفر

ترجمان استخدام ایلیه‌لر و قونسولوسلری و قونسولوس وكیلری و ترجمانلری و آمد و شد ایدن كندو تجارلری و جمله‌سندن اولان آدملری سائر دوست اولان دولتلرك آدملری معافیتی شئونه مصاف اوله‌لر بشنجی ماده پروسیا اولو و آنلره تابع اولانلر بیننده منازعه ظهور ایدر ایسه

پروسیا ایلچیلری ویاخود قونسولوسلری كندو قاعده‌لری اوزره فیصل و بیرویب مادامكه كندولری برمقتضای شرع شریف كورمكه طالب اولمیه‌لر دولت علیه‌نك قضاة و حكامی البته بز كوروروز دیو جبر آقار شمیه‌لر و ممالك محروسه‌ده مقیم پروسیا قونسولوسلری

حبس اولنمیه و هرنه دعوالری اولور ایسه ایلچیلری معرفتیله آستانه سعادتده كوریله و منزللری مهر اولنوب تفتیش و تعرض اولنمیه و دولت علیه رعایاسیله پروسیا الونك امور شرعیه‌لری وقوعنده ایلچیلری ویاخود قونسولوسلری ویا وكیللری معرفتیله و ترجمانلری وساطتیله

شرعله رؤیت اولنه پروسیا اولو و آنلره تابع اولانلر اهل اسلام ویاخود دولت علیه رعایاسی شهود احضار ایلدكلرنده ترجمانلرندن بری ویاخود وكیللری موجود اولمدیقجه جواب ایلمكه جبر اولنمیه و قونسولوسلرینك و ترجمانلرینك درت بیك آقچه‌دن زیاده اولان دعوالری

آستانه سعادتده كوریله و بیع و شرا و كفالت متعلق و لنسه دانه اولنان آقچه خصوصلرنده اهل اسلام و رعایای دولت علیه پروسیا اولو و آنلره تابع اولانلردن دعوا ایلدكلرنده حجت شرعیه ویاخود معمول به سند اولمدیقجه زور شاهدلری استماع اولنمیه و عزیمت

اوزره اولان پروسیا سفینه‌سی نزاع وقوعنده درعقب قونسولوس و ترجمان معرفتیله فیصل و بیرلوب بلاموجب تأخیر و توقیف اولنمیه و پروسیا اولوندن بری مدیون ویاخود متهم اولوب فرار ایلسه آخر پروسیا اولو مادامكه كفالتی اولمیه

مؤاخذه و رنجیده اولنمیه پروسیا الو ساكن اولدیغی محله مقتول … ظهورنده پروسیا الوا اوزرینه شرعا تهمت ثبوت بولمدیقجه دم دیت طلبیله رنجیده اولنمیه آلتنجی … نفس پروسیا اولو اولانلردن برفرد اسیر اولمسی جائز اولمیه الا دولت

دوستلق ومحبت طريقنك مسلوك اولمسى ارادهٔ سيله كندو طرفندن معتبر بكزاده لرندن محرم اسرارى ومشاورى قدوة اعيان الملة المسيحية قارلوادلوق ركسين ختمت عواقبه بالخير موقع جاه وجلالنه اولان در دولتمزه ادخلاف فرارمز ارسال وتجديد تمهيد لوازم امر مصالحه ده فخا

خواهش ورغبت وموادّ دوستى ومصافاتى مذاكره وعقد ايچون موما اليه مهور مسند ايالة رخصت ويروب وكاب مستطاب خسروانه مزه بعث وارسال وتسويه مراد اولنان كيفيات مكالمه نك پذيراى حسن نظام ختام اولمسنى التماس واستسعال ايتمكله ارسال اولنان نامهٔ دوستى علامه نك

وذكر اولنان مرام ومتمناسى داب ديرين سلطنت ابد مكتمز اوزره دستور اكرم مشير افخم نظام العالم ناظم مناظم الامم مدبر امور الجمهور بالفكر الثاقب متمم مهام الانام بالرأى الصائب ممهد بنيان الدولة والاقبال مشيد اركان السعادة والاجلال مرتب مراتب الخلافة الكبرى مكمل ناموس السلطنة العظمى

المحفوف بصنوف عواطف الملك الاعلى خالا صدر اعظم مرغوب الشيم وزير كامل مطالو صداقت علم راغب محمد پاشا ادام الله تعالى اجلاله وضاعف بالتأييد اقتداره واقباله وساطتيله اولوقت پايهٔ سرير سلطنت مصيرمزه عرض وتلخيص اولندقده ملتمسات مذكوره يه دوست اولان

سائر دول ملوك موادّ مصافاتى اسلوبى اوزره محذور حربدن عارى اولور وجهله نظام ويرلمسى طرف همايون ثلاثت مشحونمزدن قرين مساعفه اولوب شرف اقران صدور اولان اذن همايونمز موجبنجه صدر اعظم وسپهسالار افخم مشار اليهك رأى واشارتى ومعرفت ونظارتى ايله بالمذاكره ماده

بماده تصفيه وتسويه اولنهرق سكز ماده وبرخاتمه اوزرينه طرفيندن قرارداده اولوب رخص موما اليهك اوليكلاروكى وجهله ايتاليان لسانى اوزره ويرديكى تمسك دخى بعد الترجمه تكرار پايهٔ سرير شوكت مصير ملوكانه مزه بعد العرض والاستعلام مستصوب ومستحسن كورلمكله

معتاد اوزره تمسك مبادله اولنمق اوزره المستبدى الحالة هذه بروجه محرر مبادله اولنان تمسك قرال مشار اليه طرفندن قبول وتأييدينى حاوى كلان تصديقنامه سنى وكذلك ترجمه سنى صدر اعظم مسوده تسليم مشار اليه دركاه مكرمت پناه همايونمزه عرض وتلخيص ايدوب

جلوس على وجه الكامل علم عالم الشمول پادشاهانه مز محيط وشامل اولدقده مجرد قرال مشار اليهك دوستلق وموددته اولان ميل ورغبتنه بناءً عنايت ديرين صدور اولان خط همايون شوكتمقرونمز موجبنجه عقد مصالحه يه فرمان همايونمز اولمغين اشبو نشان شريف عاليشان

وعهدنامه جلادت عنوانمز شرف اقران املا ورخص موما اليهك يدينه تسليم واعطا اولنمشدر بر لوبرده رعايت وصيانت اولنمق ايچون اشبو سكز ماده در كه ذكر اولنور اولكى ماده دولت عليه ايله پروسيا قرالى بيننده مصالحه مؤكده ودوستلق ومصافات

جارى اوله ورعايا وبراياى جانبيننك بر وبحرده بلا مانع تجارتلرى جائز اولوب پروسيا قرالنك بيراغى وپاطنته سيله بوديار اسلامده پروسيالو ومتاع سفاينى ممالك محروسه اسكله وليمانلرينه امتعه واشيا كتوروب كوتورمك ومعاودت ايلدكلرنده رنجيده اولنميوب

وقضاء متضرر اولان سفاينك تعميرى جائز اولوب وكندو اقچه لريله كفاف نفسلرى ايچون صاتون الدقلرى ماكولات ومشروبات ولوازم سائره لرينه ممانعت اولنميه وممنوعاتدن اولميان امتعه واشيانك بيع وشراسنده پروسيا تجارلرينه سائر دوست اولان دول نصارى

مثللو معامله اولنه وبوغاز حصارلرينه وسائر ليمان واسكله لره كلان پروسيالو سفاينى سائر دوست اولان دولك سفاينى مثللو قبول وويريله كلان اوچ يوز اقچه سلامت اقچه سنى ادا ايلدكلرندنصكره عوائدات طلبيله رنجيده اولنميه لر وپروسيا سفينه سى دولت عليه نك

ليمان واسكله لرنده قريب ويا دورده كره اولدقده ولاة وحكام وضابطانى تعديدن حمايت وغرقدن خلاص اولنان امتعه واشيا واثوابلرى اصحابنه رد اولنمق اوزره قريب بولنان پروسيا قونسلوسلرينه تسليم ايدرلرسه دقت ايليوب معتاد اولان اجرت عمله ويدنده

غيرى برنسنه طلب اولنميه واشيا وبضاعت اولنور ايسه بعد التفحص بولدرلوب تماما رخصه تسليم ايدهلر ايكنجى ماده پروسيالو تجارى وانلره تابع اولنلر كتوروب كوتوردكلرى امتعه واشيا ايچون سائر دول نصارى مثللو يوزده اوچ رسم كمرك جارى اولان عادت اوزره ادا ايلدكلرندنصكره

زياده نسنه طلب اولنميه وكمرك امناسى اشيا الرخص حكم بهاسندن زياده بها تقدير ايليوب قديمدنبرو اوزرلرينه عادت اولنه يوزده اوچ اولمق اوزره عين اشيا ويره لر پروسيا ايلچيسنك كندو يه سنه لق اولان امتعه واشيا واثوابندن وهدايا قسمندن كمرك وباج طلب اولنميه

VII

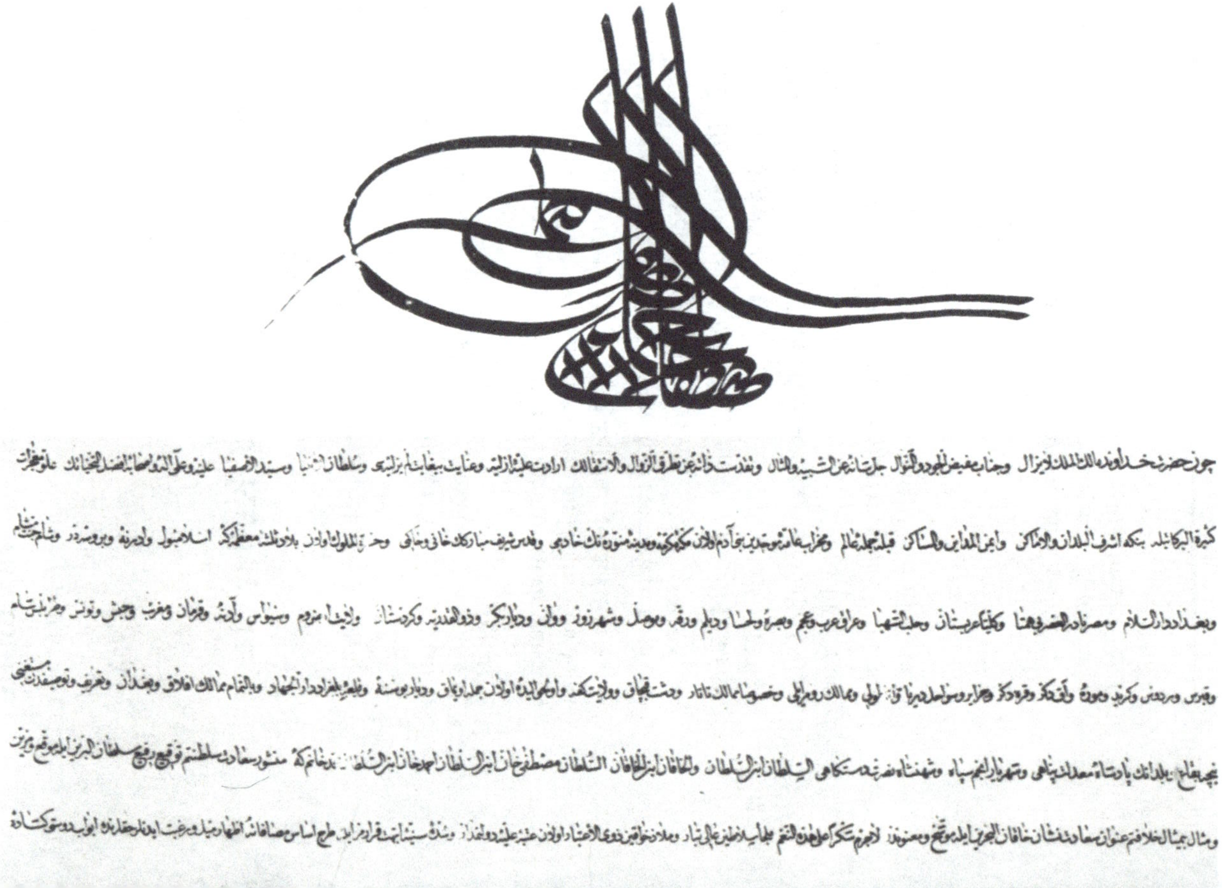

Kolibri 360 GmbH
Ferdinand-Jühlke-Straße 7
99095 Erfurt, Deutschland
produktsicherheit@kolibri360.de